图解IT技术系列丛书

U0182659

用Python
轻松设计控制系统

[日] 南 裕树（Yuki Minami）著

施佳贤 译

机械工业出版社
China Machine Press

图书在版编目（CIP）数据

用 Python 轻松设计控制系统 /（日）南 裕树著；施佳贤译 . -- 北京：机械工业出版社，2021.7（2024.4 重印）
（图解 IT 技术系列丛书）
ISBN 978-7-111-68811-2

I. ① 用… II. ① 南… ② 施… III. ① 软件工具 – 程序设计 – 应用 – 控制系统 – 系统设计 IV. ① TP271-39

中国版本图书馆 CIP 数据核字（2021）第 152955 号

北京市版权局著作权合同登记 图字：01-2020-6449 号。

Original Japanese Language edition
PYTHON NI YORU SEIGYO KOGAKU NYUMON
by Yuki Minami
Copyright © Yuki Minami 2019
Published by Ohmsha, Ltd.
Chinese translation rights in simplified characters by arrangement with Ohmsha, Ltd.
through Japan UNI Agency, Inc., Tokyo

用 Python 轻松设计控制系统

出版发行：机械工业出版社（北京市西城区百万庄大街 22 号 邮政编码：100037）

责任编辑：赵亮宇 李美莹 责任校对：马荣敏

印 刷：北京建宏印刷有限公司 版 次：2024 年 4 月第 1 版第 5 次印刷

开 本：170mm×230mm 1/16 印 张：14

书 号：ISBN 978-7-111-68811-2 定 价：79.00 元

客服电话：（010）88361066 68326294

译 者 序

控制工程是一门非常偏重于实践的学科。在我们的日常生活中到处都可以看到自动控制的应用场景。空调和热水器的恒温控制、自动扶梯的速度控制、汽车的发动机转速控制、飞机的飞行姿态控制以及工厂中的自动生产线的控制都建立在控制工程的理论基础之上。控制工程在各种高精尖技术的实现中更是不可或缺——小到机械臂的控制，大到卫星和宇宙飞船的控制，可以说控制工程是各类工程技术人员必修的基础学科。另外，控制工程中的一些理论和思想在工程技术之外的一些领域也大放异彩，为跨学科的知识体系融合提供了许多非常有价值的思路。经济学中的宏观经济调控和资源分配理论，生物学和环境科学中有关生态平衡的研究，以及现代企业管理中的"计划－测量－评价－纠偏"系统，都借鉴了控制理论中有关系统、信息和反馈的经典概念，从而形成了一个涉及多领域的综合性学科——控制论。控制论之父维纳将控制论定义为一门研究机械、生命和社会中一般规律的学科。所以说，不管在哪个领域从事怎样的工作，学习一些控制工程的基础知识，将有助于相关专业知识的融会贯通，是有百益而无一害的。

然而，控制工程毕竟是一门建立在大量的数学知识基础之上的专业性很强的学科。过高的数学门槛，常常会给没有接受过这方面系统训练的读者造成不小的阻碍。尤其是一部分大学教育，过分强调按部就班从基础学起，让读者形成了学习控制工程必须先熟练掌握高等数学、线性代数甚至是复变函数相关概念的错误印象，从而对控制工程望而生畏，敬而远之。许多控制工程的教科书更是通篇以数学公式和定理为纲，或者动辄就是长篇累牍的数学推导。不可否认，对于以控制工程作为学术研究方向的读者，这么做是必要的。但是对于更多缺乏相关基础知识，只是对控制工程存在兴趣或是在工作中涉及控制工程相关概念而急需入门的读者，目前市面上尚缺乏满足这些读者需求的理想读物。

幸运的是，日本大阪大学的南裕树教授为读者贡献了一本深入浅出、活泼有趣、图文并茂，且适合自学的控制工程入门教材。南裕树教授长年在日本京都大学、奈良先端科学技术大学院大学和大阪大学研究和教授控制工程相关课程。根据南裕树教授自身对控制工程领域的领悟以及长期的教学实践经验，他认为学生学不好控制工程的主要原因就在于过多的数学内容，以及不能将理论联系到实际，从而导致不能有效利用学到的知识来解决现实生活和工作中的相关问题。因此本书的一大特色就是从实际的例子出发，循序渐进地引入控制工程相关的概念和理论。读者会发现，数个经典的实例始终贯穿本书。随着学习的深入，读者将对这几个实例不断加深理解，最后会发现不知不觉中已经跨入了控制工程的大门。在整个学习过程中，南裕树教授并未完全排斥数学公式，相反，他巧妙地将数学公式和定理背后的理论证明放入了独立的"学习时间"小模块中，这样读者可以根据自身不同的基础和需求来选择是否深入探究这部分数学知识。

本书另一个重要特色在于贯穿其中的漫画以及虚构人物"希波"和"望结"姐妹的有趣对话。实践证明，越是深奥枯燥的理论，越是需要以寓教于乐的方式来帮助读者提高学习兴趣，从而理解那些晦涩难懂的知识。在这个"二次元"原生文化不断与社会主流文化交融并蓄的新媒体时代，如何将"可爱""萌"这些属于年轻人的概念与严肃的科学理论知识结构有机地结合起来，从而使得年轻的读者能够无障碍地跨过学习的门槛，成为一个重要的课题。最近有不少书籍做了成功的尝试。译者在日本求学期间，指导教授曾为研究室购买过一批名为"通过漫画学习 XXX"的书籍。译者也翻阅过其中的几本，整页的漫画，着实让译者惊讶得合不拢嘴——原来教材还可以这么写！指导教授苦笑着对译者说："如今的孩子啊，不是漫画就看不下去呢。"本书也是顺应这一潮流的产物，在"轻松"的漫画与"严肃"的内容之间形成了相当完美的平衡，使得本书既不会过于刻板，也不会戏谑过度以至于喧宾夺主，冲淡了主要内容。

本书还有一个显著特点——使用当下热门的 Python 编程语言作为主要的实践工具。Python 语言以其简单易学但却灵活强大的语法，成为目前市场上主流的编程语言。其开放的特性使得世界上很多软件工程师和专家学者专门为 Python 语言准备了各式各样的扩展包。因此，从科学计算、大数据挖掘，到目前热门的机器学习、自然语言处理，甚至是量化金融领域，都能看到 Python 活跃的身影。在译者上大学的时候，在控制工程领域，学生都是手工计算零极点，在方格纸上绘制伯德图的。在实际工作中，人们此前更多的是使用商业软件（比如 MATLAB 等）来做控制系统设计。而 Python 凭借其强大的科学计算属性等先天优势，在控制工程领域大展身手自然是指日可待的。Python-Control 扩展包（一定程度上兼容 MATLAB 函数）为控制工程师提供了商业软件的良好替代品。敲下短短几行代码，计算机就能自动计算零极点，绘制精美的伯德图，这让译者不禁感叹技术的发展真是日新月异。而技术的现代化又促进了人们更高效地学习和研究技术本身，这就形成了一个良好的正反馈。此外，读者在阅读本书的时候，通过实际编写代码和执行程序，不仅能够更直观、更牢固地掌握控制工程的相关知识，还能够学会 Python 这门神奇有用的编程语言，正可谓一举两得。

译者衷心希望这本活泼有趣的书能够帮助读者顺利迈入控制工程的大门并体会到学习的快乐，这也是本书真正的价值所在。

施佳贤

2021 年 6 月

前　言

　　笔者在大学教授控制工程课程，深感对此课程感到苦恼的学生不在少数。造成学生不能充分理解本课程究竟在讲些什么的主要原因是，课程中有很多与数学相关的抽象概念。鉴于此，笔者决定撰写一本能让学生通过运行程序来学习控制工程和控制系统设计的书。

　　本书涉及很多与机器学习和数据挖掘相关的内容，并使用热门的编程语言Python。同时，本书致力于让读者能够在运行Python程序的同时，通过"边学边做"来实际体验控制工程。因此，对于想使用Python来设计控制系统的人来说，本书是绝佳选择。此外，本书图文并茂，尽可能以易于理解的方式进行讲解，因此，对于控制工程的初学者以及曾经学过控制工程却半途而废，如今打算重拾书本的读者而言，本书也是十分易读的。

　　本书的内容不仅包含实际工作中经常使用的以传递函数模型为研究对象的经典控制理论，还涉及以状态空间模型为研究对象的现代控制理论，以及鲁棒控制的基础知识。不过，本书尽可能地减少了数学方面的描述，取而代之的是大量的Python示例代码，以及两姐妹（姐姐"希波"和妹妹"望结"[⊖]）的可爱插图和对话，这使得本书风格轻松活泼，内容易于理解。

　　在网页 https://y373.sakura.ne.jp/minami/pyctrl（日文）中可以找到本书的补充内容和练习题的参考答案。读者也可以在该网站找到示例代码。

　　话说回来，笔者最初接触到控制理论是在高等专门学校四年级的时候（相当于大学一年级）。笔者依然记得当初自己曾被这一能够自由操控"被控对象"的技术深深吸引。不仅如此，笔者深陷其中的另一个原因在于控制系统的解析和设计中用到了大量数学工具，并且通过使用控制工程的专门语言，能够对之前所学的力学和电子电路的相关知识进行解释说明。"控制"这个概念在我们的日常生

　　⊖　这里作者玩了一个文字游戏，将自己的名字打乱后重新组合成为姐妹俩的名字。——译者注

活中其实比比皆是，所谓"久而不闻其香"，能够切实感受到其重要性是难能可贵的。其实，"如果没有控制，我们安心、安全而又舒适的生活就无法成立"，此话所言非虚。此外，近年来各种智能化事物层出不穷，想要随心所欲地对事物加以控制，改变世界的面貌，"控制工程"的知识是不可或缺的。由此可见，控制工程（控制理论加上控制技术）可以说是一门非常重要的学问。读者倘若能够通过本书喜欢上这门有魅力的学科，笔者将深感欣慰。

本书能够成书离不开许多人的大力支持。本书的内容建立在一般社团法人——系统控制信息学会主办的教习讲座的基础之上。笔者深深感谢提出了"用Python学习控制工程"这一想法并托付笔者付诸实践的大阪府立大学的原尚之老师以及学会事业委员会的各位同人。另外，笔者想感谢大阪大学的石川将人老师，以及同研究室的吉田侑史、田中飒树、楠井大气、奥田贵裕、平野贵裕、青木达朗等帮助审阅书稿的同学。谢谢你们。

最后，感谢在家中默默支持笔者的贤妻和爱女。

南 裕树
2019 年 4 月

CONTENTS

目　　录

CHAPTER 1

第 1 章

什么是控制

姐姐（希波，23 岁）和妹妹（望结，18 岁）在家中对话。

 好热！今年夏天太热了，热得让人都无法专心学习了。

 姐姐，放假了还在用功吗？真是少见啊，那我把空调的设定温度调低点吧。（滴滴滴）

 谢了。最近工作上要用到"控制工程"，不学不行了。

 什么？控制？要是上大学的时候学过的话就很容易了吧。控制很有意思呢。

 是的……吧……（完全没弄明白，最后学分也没拿到。）

 现在学到哪里了？我最近刚好学会了使用 LMI 的鲁棒控制系统设计，我来教你吧！

 （这家伙，说的是外星语言吧，完全听不懂。）我正在努力学习拉普拉斯变换，但是完全学不进去啊。控制就是数学吧，完全搞不懂这东西有什么用。（哼）

 你在大学里学了些什么？控制在我们日常生活中比比皆是。比如空调，设定好温度之后，房间里的温度就会逐渐靠近这个温度对吧。这就是控制哦。

 我记得大学老师好像说过类似的话……

 说起来，姐姐，你好像没拿到控制工程的学分吧。既然这样，你就不要读那种满是数学的书了，先读读这本书如何呢？

 （我控制工程挂科的事情暴露了啊……）这也是关于控制的书啊，那我就读读看吧。

1.1　日常生活中的控制

如果大家突然被问到"控制是什么"，会如何作答呢？恐怕大家在生活中经常会听到诸如"控制""control"之类的词汇，也会经常使用这些词汇。就像接下来我要详细阐述的一样，控制在我们身边随处可见。然而，正是因为在我们身边控制已经司空见惯，反而使得我们很少有机会去仔细思考。

控制可以被定义为：

为了使从属于被关注对象的被关注状态成为某种目标状态，而对该对象施加操作的行为。

也就是说，随心所欲地操控作为对象的物体即为控制。汽车沿着道路行驶是一种控制，拜托他人帮助自己也是一种控制。

大家小时候大概都玩过一种游戏：将一个棍棒形状的物体（可以是扫帚或者雨伞）放在手心上使其直立不倒。这也是一种控制，如**图** 1.1 所示。图 1.1 的左半部分描绘了一个竖在地面上的扫帚倒下时的情形。因为有重力作用在扫帚上，所以棍棒受其影响而倒下。这一现象可以表述成牛顿运动方程 $m\ddot{x} = f$。这里的 m 表示扫帚的质量，$\ddot{x}$ 表示扫帚的加速度，f 表示作用在扫帚上的重力。

图 1.1　借助控制的力量使扫帚保持直立

那么，如何才能维持扫帚直立不倒呢？比如，可以如图 1.1 所示的右半部分所描绘的那样，施加一个外力 u，并使 $m\ddot{x} = u$。这样便可以通过外力 u 来自由地操控加速度 $\ddot{x}$，从而使扫帚能够保持直立。如上所述，通过将关注对象的特征（举动）替换成期望的东西（目标）就是所谓的控制。如图 1.1 所示通过人手来实现的控制，称为**手动控制**。与之相对的，使用电动机、传感器或计算机来实现的控制称为**自动控制**。

在我们身边，自动控制的应用比比皆是。比如，很多家用电器都内嵌了自动控制系统。空调用到了温度控制，DVD播放器用到了光碟的旋转控制和读写头的定位控制。另外，为了确保使用家用电器时不可或缺的电力（交流电）保持50Hz（日本东部）或者60Hz（日本西部）[⊖]的稳定频率，电力也是加以控制之后提供的。汽车、船舶以及电力机车等交通工具则是控制技术之集大成者。在生产这些产品时控制也是必不可少的。生产钢铁的钢铁厂，加工零件的机床，组装生产线上的机械手全都采用了控制技术。至于无人机、火箭和人造卫星，更是少不了控制。

"我们平时能够安心、安全、舒适地度过每一天是拜控制所赐"，这绝非言过其实。

1.2　反馈控制

图1.1展示了通过施加外力竖起一个扫帚的例子。这里的外力称作**控制输入**。研究控制理论的专家（即控制工程师），他们的工作就是考虑合适的控制输入。此时重要的是需要考虑**反馈控制**，也就是说"通过观察当前的结果来决定下一步的控制输入"。举例来说，在竖起一个扫帚的时候，通过眼睛观察扫帚的倾斜程度，把手移向扫帚将要倾倒的方向，**图1.2**显示了这一概念。像这样通过观察当前的状况来决定下一步的行动，这就是反馈控制。

通过整理图1.2，我们得到了**图1.3**。这就是控制工程师常用的**框图**。通过框图，我们可以一目了然地掌握系统中存在的要素和信号的流向。对应到图1.2中，扫帚就是**被控对象**，决定手的移动方式的部分（功能）就成了**控制器**。此外，手的移动对应控制输入，扫帚的倾斜角度对应输出，表示垂直状态的角度对应**目标值**。

进一步，被控对象的输出与目标值的差称为**误差**。

虽然图1.3中的误差是由目标值和输出决定的，但是在控制工程中，我们一般写成：

$$误差 = 目标值 - 输出 = 目标值 + (-输出)$$

将输出值取反后作为信息反馈回去，这叫作**负反馈**。在控制工程中，我们一般所说的反馈基本上都是指这种负反馈。

让我们进一步用数学公式来说明。在某一时刻 k，假设扫帚的倾斜角度为 x_k，此时扫帚的运动方程可以用如下递推关系式来表示：

⊖　中国的交流电频率为50Hz。——译者注

图 1.2　使扫帚保持直立的反馈控制

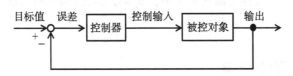

图 1.3　反馈控制系统的框图

这里的 u_k 是 k 时刻施加在扫帚上的力，即控制输入。现在，我们设目标值为 0，那么为了让扫帚的角度 x_k 为 0，假定需要的控制输入为

$$u_k = 1.9 \times (0 - x_k)$$

由于 x_k 是取反之后加到目标值 0 上的，因此这是一个负反馈。此时，整个反馈系统可以表示为

$$x_{k+1} = 2.1x_k + 1.9 \times (0 - x_k) = 0.2x_k$$

假设扫帚的初始角度为 $x_0 = 1$，则有

$$\begin{cases} x_1 = 0.2 \times 1 = 0.2 \\ x_2 = 0.2x_1 = 0.2 \times 0.2 = 0.04 \\ x_3 = 0.2x_2 = 0.2 \times 0.04 = 0.008 \end{cases}$$

随着 k 的不断增大，最终 $x_\infty = 0$。

可以看到，随着时间的流逝，扫帚的实际角度会不断趋近于目标值 0。

与之相对，让我们考虑不将 x_k 取反而直接加到目标值上的**正反馈**：

$$u_k = 1.9 \times (0 + x_k)$$

此时，整个反馈系统可以写成：

$$x_{k+1} = 2.1x_k + 1.9 \times (0 + x_k) = 4x_k$$

假设 $x_0 = 1$，则有 $x_1 = 4$，$x_2 = 16$，$x_3 = 64$，随着 k 的不断增大，扫帚的倾斜角度也不断偏离目标值 0。

这其实意味着没能成功地实现控制，扫帚最后还是倒下了。

综上所述，在考虑达到目标的控制系统时，其中一个要点是需要不断减小目标值和输出之间的差。因此，在控制工程中基本上都是使用负反馈来搭建控制系统的。

在上面的例子中，我们将控制输入设定为 $u_k = 1.9 \times (0 - x_k)$，控制工程正是考虑如何确定控制输入的一门学问。

这就是说，需要考虑的是针对特定的被控对象，应该采用怎样的控制方法以及如何确定设计参数（在上面的例子中，$u_k = a(0 - x_k)$ 为控制方法，$a = 1.9$ 为设计参数）。

1.3　控制工程的作用

综上所述，控制工程师的工作——设计控制系统的流程可以用**图 1.4** 来表示。

为了能够成功控制想要控制的对象，首先需要在一定程度上正确把握被控对象的特征。即需要将现实中的事物在纸面上表现出来。不过这并不是直接使用运动方程，而是使用模型来表现，这样之后的工作（控制系统的分析和设计）就会容易一些。这称为**建模**。

接下来需要使用这个模型来研究被控对象的特征。具体来讲，通过施加控制输入，就可以在一定程度上把握系统的行为。因为这样做的话就能够确定怎样的控制输入才能实现目标行为。

接下来需要设计**控制规则**以确定控制输入。控制规则能够把被控对象的特征变成我们想要的状态。在纸面上不断改良控制规则直到我们想要的结果出现。而我们想要的结果是由**控制目标**决定的，所以我们将控制目标标准化之后得到**控制规格**，然后设计控制规则以满足这些规格。

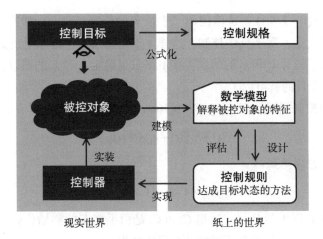

图 1.4　控制工程师的工作

最后，当控制规则完成以后，我们把微控制器或者计算机作为控制器，并将这些规则加以实装来实现对被控对象的控制。

下面用控制系统设计的例子来具体说明。考虑**图 1.5** 所示的手推车的位置控制。假设通过施加力 u 推拉质量为 1 的手推车，使其到达目标位置 0。

图 1.5　手推车的位置控制

首先，手推车的数学模型可以用牛顿运动方程来表示。假设手推车的位置为 y，由于其质量为 1，因此 $\ddot{y}(t) = u(t)$。接下来，控制规则的具体形式可以考虑表

示成 $u(t) = -k_1 y(t) - k_2 \dot{y}(t)$ 。这里使用了手推车的位置信息 $y(t)$ 和速度信息 $\dot{y}(t)$ 来决定力 $u(t)$ 的大小，属于反馈控制。这样，确定施加在手推车上的力的大小的问题，就转化成了设计 k_1 和 k_2 的问题。接下来只要确定 k_1 和 k_2 的值以达成"到达目标位置 0"这个目的就可以了。

通过应用控制规则 $u(t) = -k_1 y(t) - k_2 \dot{y}(t)$ ，手推车的运动可以表示成：

$$\ddot{y}(t) + k_2 \dot{y}(t) + k_1 y(t) = 0 \qquad (1.1)$$

求解这个微分方程得到：

$$y(t) = C_1 e^{\lambda_1 t} + C_2 e^{\lambda_2 t} \qquad (1.2)$$

这是表达手推车行为的公式。这里 C_1 和 C_2 是由手推车的初始位置 $y(0)$ 和初始速度 $\dot{y}(0)$ 决定的值。λ_1 和 λ_2 是下述特征多项式的根：

$$p^2 + k_2 p + k_1 = 0 \qquad (1.3)$$

因为本问题中的控制目标是使手推车到达目标位置 0 ，所以只要经过一定时间之后手推车到达目标位置 0 就可以了。即 $y(t) \to 0$（$t \to \infty$）。由式（1.2）可以看出，只要 λ_1 和 λ_2 取负值（实部为负）即可。另外可以知道，这两个值取得越小，$y(t)$ 就能越快地趋近于 0 。因此，只需要在考虑上述两点的基础上确定 k_1 和 k_2 的值就可以了。此时，式（1.3）的根为

$$\frac{-k_2 \pm \sqrt{k_2^2 - 4k_1}}{2} \qquad (1.4)$$

至少看起来只要选取 $k_1 > 0$ 以及 $k_2 > 0$ 就基本没有问题了。

如上所述，在控制工程中，我们不是盲目地寻找控制输入 $u(t)$ ，而是更多地通过限定 $u(t)$ 的形式作为设计条件，并将问题转化为确定其所包含的参数。在此基础上，导出能够达成控制目标的条件（在上述例子中 k_1 和 k_2 是需要满足的条件）。然后确定控制参数，制定控制规则。之后将控制规则以控制器的形式加以实装，就可以实现控制目标了。当然，被控对象和控制目标的复杂程度是有高有低的，不过控制系统设计的思想方法大致就是如此了。

1.4 本书概要

图 1.6 中展示了本书的结构。

在第 2 章中我们将学习 Python 编程的一般方法。由于从第 3 章开始我们将在使用 Python 进行练习的同时学习控制工程，因此第 2 章将介绍交互式开发环境

（Jupyter Notebook）的使用方法和 Python 编程的基础。

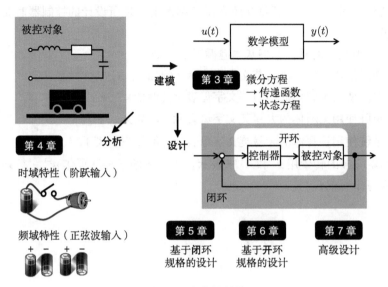

图 1.6　本书的结构

　　在第 3 章中我们将学习如何为被控对象建模。为了能更好地控制被控对象，最好使用数学模型来代替它。实际上很多被控对象可以用微分方程来表述，但是在控制工程中我们通常将其转换为传递函数模型或状态空间模型。这是因为在控制工程中有前人开发的各式各样的工具，而这些工具大部分是针对传递函数模型或者状态空间模型而构建的，所以必须了解控制建模的方法。

　　在第 4 章中我们将研究使用传递函数模型和状态空间模型来表现的被控对象具体有哪些特性。举例来说，我们会学习"将电动机与电池相连时会产生怎样的现象"这类时域响应特性，以及"将电池的正负极反复切换时，如果改变切换的速度（频率），会产生怎样的变化"这类频域响应特性。此外，还会介绍被控对象的稳定性及其检查方法。

　　第 5 章介绍反馈控制系统的设计方法。首先介绍几个用以描述被控对象行为的指标。在讨论设计规格之后，我们将学习满足规格的控制器的设计。我们将尤其专注于控制系统设计中经常使用的 PID 控制和状态反馈控制。

　　在第 6 章中我们将学习回路成形。在构建反馈控制系统时，需要设计控制器以使整个反馈控制系统具有所需的特性。本章将介绍使用切断反馈回路的开环系统的设计方法。除了 PID 控制之外，还将涉及相位超前校正和相位滞后校正。

　　第 7 章介绍高级控制系统设计。在解释了能够根据输出推测状态空间模型中的状态的观测器之后，概述鲁棒控制，这是一种在被控对象存在不确定性时使用的控制方法。另外，本章还将介绍在微控制器上实现所设计的控制器时要用到的离散化方法。

最后需要指出的是，本书基本遵循以下原则：

❑ 变量使用斜体的小写英文字母表示（例如 y、u）。

❑ 向量使用黑斜体的小写英文字母表示（例如 $\boldsymbol{x}$、$\boldsymbol{e}$）。

❑ 矩阵使用黑斜体的大写英文字母表示（例如 $\boldsymbol{A}$、$\boldsymbol{P}$）。

❑ 系统使用手写体的大写英文字母表示（例如 $\mathcal{P}$、$\mathcal{K}$）。

向量 $\boldsymbol{x}$ 和矩阵 $\boldsymbol{A}$ 的转置用 $\boldsymbol{x}^{\mathrm{T}}$ 和 $\boldsymbol{A}^{\mathrm{T}}$ 来表示。矩阵 $\boldsymbol{A}$ 的逆矩阵写作 $\boldsymbol{A}^{-1}$，行列式写作 $\det\boldsymbol{A}$，秩写作 $\mathrm{rank}\boldsymbol{A}$。

第1章　总结

姐姐，是不是大概明白控制是什么了？

就是指为了达成目标状态而施加操作吧。而且我发现反馈控制非常重要！这样我也能当街头艺人了吧……

那不是一回事啦。

话说回来，什么都可以作为被控对象吗？如果说什么都可以的话，听起来很不可靠啊……

是呀，这就是控制工程强大的地方。机械系统也好，电气系统也好，化学系统也好，虽然具体的技巧有所不同，但是控制的思想方法是一样的。也正因为如此，为了使各种被控对象都可以按照统一的方法来处理，使用了很多抽象化的论述，所以可能会有种在学习数学的错觉。

这样啊，怪不得控制工程的书读起来就像数学书一样。你好聪明呀！机会难得，就再教教我吧。

啊……我正打算看上周录制的动画呢。

这个包子给你吃好不好，求求你了嘛！

真拿你没办法……（啊呜啊呜）

- 日常生活中到处都存在控制。
- 为了能够随心所欲地操控事物，反馈控制是非常重要的。
- 控制工程师的工作是"建模""分析""设计"。

CHAPTER 2

第 2 章

Python 基础

话说回来，这本书的名字里有个"皮特红"(Python)，这个"皮特红"是什么意思啊？

噗，姐姐，你好歹也是学理工科的，怎么什么都不知道啊。这个读作 Python（派森）啦。Python 是一种编程语言哦。在最近的 AI 热潮里，机器学习什么的不是很流行的嘛，有很多人都是用 Python 来编写这些程序代码的。

这样啊。

本来在控制工程的学习和研究里通常使用的是一个叫作 MATLAB 的数值计算软件，不过用 Python 也可以实现一些基本的功能。

我知道 MATLAB！记得读大学的时候用过。

如果用过 MATLAB 的话，那 Python 也可以很快上手。尤其是控制工程里用到的那些函数和 MATLAB 里的很相似。

……（完全不记得了，因为当时一直是照抄边上同学的程序。）

本章介绍了 Python 的基础知识以及开发环境 Jupyter Notebook 的使用方法。

2.1 搭建 Python 环境

本书使用 Python 3.6 以上的版本。

用到的扩展包除了 Numpy、Matplotlib、Scipy、Sympy 之外，还包括用于控制工程函数的 Control 和 Slycot 扩展包。撰写本书时的最新版分别为 Control 0.8.1 和 Slycot 0.3.3。

另外还需要安装交互式的开发环境 Jupyter Notebook（IPython）。

搭建环境的方法包括：

❏ 通过 Docker 直接使用作者预先准备好的环境。

❏ 使用 Anaconda 搭建。

❏ 使用 Google Colaboratory（免费云服务）。

上述方法对 Windows 和 Mac 都适用。

请参照辅助网页 https://y373.sakura.ne.jp/minami/pyctrl 中的资料说明搭建环境。

因为并没有用到太多的扩展包，所以读者也可以用自己的方法来搭建环境。

接下来的说明将建立在读者已经启动了 Jupyter lab（Jupyter Notebook）或者 Google Colaboratory 的前提下。

2.2 Jupyter Notebook 的使用方法

Jupyter Notebook 是能够运行于浏览器上的开源编程环境，可以通过交互的形式进行开发。本书介绍 Jupyter Notebook 的升级版 Jupyter lab。Jupyter lab 相比 Jupyter Notebook，增加了画面分割、标签页、单元格拖放等功能，使用起来更加方便。

首先，让我们来试着新建一个文件夹。如图 2.1 所示，点击➕按钮新建文件夹。在新建的文件夹上单击右键并选择菜单中的 [Rename] 来更改文件名。这里我们将其重命名为"Control"。

接下来，在"Control"文件夹中新建一个笔记本。如图 2.2 所示，依次单击 [File] → [New] → [Notebook]，然后选择 Python3 作为 Kernel。与之前类似，在新建的笔记本上单击右键，出现菜单后单击 [Rename] 修改名称。这里我们将其命名为"Practice"。

对笔记本进行编辑的时候，可以通过在笔记本上单击右键，对显示的菜单进行操作。如图 2.3 所示，可以对笔记本进行删除、剪切、复制、粘贴以及复本（复制 & 粘贴）等操作。

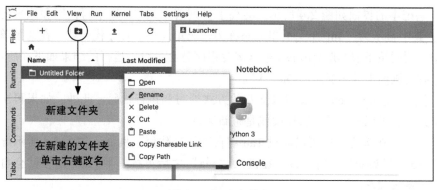

图 2.1　新建文件夹

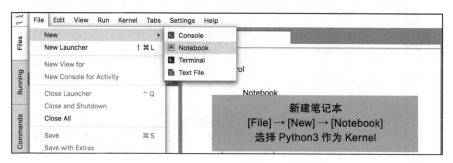

图 2.2　新建笔记本

图 2.3　菜单

笔记本的界面如图 2.4 所示。界面上排列着单元格（用来写代码和注释的方框），其中显示为 "In[ ]:" 的单元格称为代码单元格。程序代码就写在这个单元格中。同时按下 [Shift]+[Enter] 组合键时程序就会运行，运行的结果如下面所示，不过有时画面上并不显示 "Out[ ]"。

使用 Jupyter Notebook 可以交互的方式编写和执行代码。此外，如果再次选择单元格，可以对代码进行修改或是重新运行。

另外，在笔记本里可以通过 Tab 键自动填充代码。例如，如图 2.4 所示导入以 "ma" 开头的模块时，只要在键入 "ma" 之后再按一下 [Tab] 键，就会自动显示出备选代码。

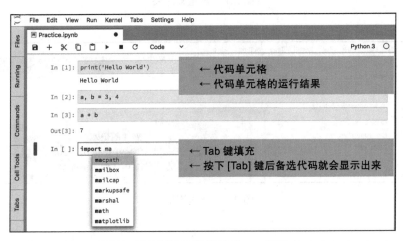

图 2.4   运行代码单元格及 Tab 键填充

可以使用窗口上方的按钮对笔记本进行编辑。图 2.5 显示了按钮的放大图。可以进行保存、插入单元格、剪切单元格、复制单元格、粘贴单元格、运行或停止运行单元格以及重启 Kernel 等操作。

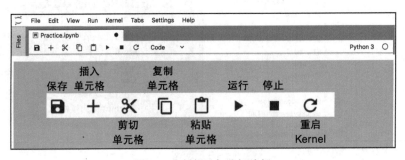

图 2.5   对笔记本进行编辑

　　各单元格主要用来编写 Python 代码，不过如**图 2.6** 所示选择 Markdown 之后，单元格就会转换成 Markdown 格式[⊖]，可以用来添加注释（程序代码的说明和补充，不会被 Python 执行）。

　　可以"# 标题"或"# 小标题"的格式撰写标题。

　　还可以像"$$ TeX $$"这样，用 $ 符号括起来编辑 TeX 形式[⊖]的数学公式。通过 [Shift]+[Enter] 组合键确定注释的内容。不过之后仍可以通过再次选择单元格来对其进行修改。

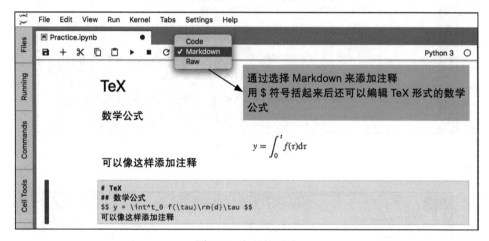

图 2.6　注释的写法

　　此外可以使用 help 函数来查阅各个函数和对象的文档（说明）。例如在**图 2.7** 中显示了 print 函数的文档。除了 help 函数以外，还可以通过在函数和对象的末尾添加"?"来输出文档的内容。

　　另外，当同时按下 [Shift]+[Tab] 组合键时，与上述同样的内容会以弹窗的形式（在界面最前方显示新的窗口）表示。如果在编写代码的时候需要查阅变量的类型和内容，这个功能就会非常有用。

　　如果不使用 Jupyter lab 而是使用如**图 2.8** 所示的传统开发环境 Jupyter Notebook，则可以通过选择 [Help] → [Launch Classic Notebook] 来启动。

　⊖　Markdown 是一种轻量级标记语言，允许人们通过纯文本格式撰写文档并转换为 XHTML/HTML 格式。——译者注

　⊖　TeX 是一种计算机排版系统，擅长排版复杂的数学公式，可以很容易地输出高质量的 dvi 文件。——译者注

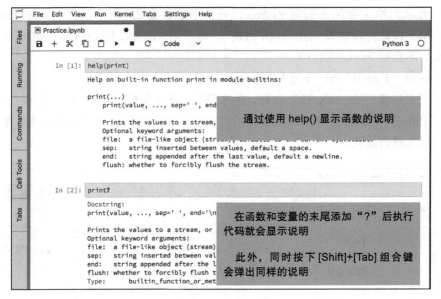

图 2.7   help 函数

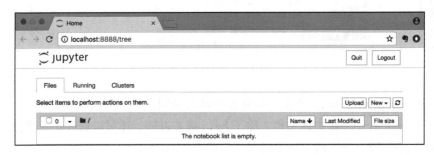

图 2.8   Jupyter Notebook

2.3   Python 基础

本节我们开始学习 Python 的使用方法。具体来说，我们将学到数据和类型、流程控制、函数的定义以及模块（扩展包）等内容。

首先介绍在程序里添加注释的方法。

注释使用 "#" 以和执行代码作区分。

```
#  这是注释
print(1) #  显示 1
```

如上所示在注释前添加 #。即使不在一行的行首，只要在代码的后面添加了 # 就可以开始编写注释。但是需要注意的是，一旦加了 # 后，除非换行，否则之后的文字就会全部作为注释处理。

如果要写多行注释，可以如下所示连续打三个单引号 """"。

```
'''
注释 1
注释 2
'''
```

2.3.1 数据和类型

字符串

字符串由字符排列而成。例如，字符串 "Control" 是由 "C" "o" "n" "t" "r" "o" 和 "l" 7 个字符按照顺序排列而成的。在 Python 里使用字符串的时候，需要用单引号 "'" 或者双引号 """" 括起来。

```
'Control'
"Control"
```

可以使用 print 函数打印字符串。

```
print('Control')
```

Python 里还有一类特殊的字符，称为转义字符。如下所示，"\" 符号代表反斜杠。

```
\\: "\"
\': 单引号
\": 双引号
\n: 换行符
\t: 制表符
```

可以使用 "+" 链接两个字符串，例如，可用如下代码输出 "控制工程"。

```
print('控制' + '工程')
```

进一步，还可以使用如下代码将字符串 "控制工程" 重复显示 5 次。

```
print('控制工程' * 5)
```

计算字符串长度的时候可以使用 len 函数。比如 len('KongZhiGongCheng')
将输出 16。

数值

Python 可以将整数、浮点数和复数分别作为数值处理。其中整数除了 1、2、
3、-3、-2、-1 这样的十进制数以外，还包括二进制数和十六进制数。使用二进
制计数法的时候需要在数值的前面添加 "0b"，使用十六进制计数法的时候需要
在数值的前面添加 "0x"。

```
12     # 十进制数
0b1010 # 二进制数 → 10
0xA1   # 十六进制数 → 161
```

1.2、3.1415 等可以作为浮点数处理。比如，4.3×10^3 和 4.3×10^{-3} 可以分别
表示为：

```
4.3e3   # (= 4300)
4.3e-3  # (= 0.0043)
```

在虚部后添加虚数单位 "j" 来表示复数，如 1+3j 和 2.5+5.1j。

可以使用这些数值进行四则运算。加法用 "+"，减法用 "-"，乘法用 "*"，
除法用 "/" 来表示。

```
1 + 2  # (= 3)
5 - 3  # (= 2)
4 * 6  # (= 24)
10 / 5 # (= 2.0)
```

计算商和余数的时候可以使用：

```
17 // 5 # (= 3)
17 % 5  # (= 2)
```

计算 3^2 和 5^6 的时候可以使用：

```
3 ** 2 # (= 3*3 = 9)
5 ** 6 # (= 5*5*5*5*5 = 15625)
```

变量

在 Python 中，所有的东西都是**对象**。就连数值、字符串和文件都属于对象。
对象是由数据（属性）和定义在数据之上的函数构成的。使用**变量**存储数值和字
符串等对象。关联到对象上的函数称为**方法**。

　　通常在 C 语言等编程语言里需要预先根据对象（字符串或数值）的种类对变量做出声明。但是在 Python 中无此必要，只要简单地使用 "=" 赋值即可。比如像下面这样可以将 1 赋值给变量 x。

```
x = 1
```

此时，Python 会识别出 1 为整数并自动将 x 定义为 int 类型（整型）。之后可以使用 print() 函数来确认变量。

```
print(x)
```

在 Jupyter Notebook 中还可以像下面这样简单地显示变量的值。

```
x
```

变量的类型可以使用 type() 函数来显示。

```
print(type(x))
```

像上面这样将两者结合起来就可以输出 <class 'int'>，可以看出 x 是 int 型的变量。同样，像下面这样，由于 1.0 是浮点数，变量 y 是 float 型。而由于 'Control' 是字符串，msg 就是 str 型（字符串型）。此外，True 和 False 称作 bool 型（布尔型），因此 ok 是 bool 型的变量。

```
y = 1.0
msg = 'Control'
ok = True
```

可以像下面这样对类型进行转换。

```
z = int(y)
word = str(x)
```

在上面的例子中，虽然 y 是 float 型的变量，但是因为使用了 int() 对类型进行了转换，所以 z 为 int 型的变量。同样，因为使用了 str()，所以 word 是 str 型的变量。

　　另外需要注意的是变量命名的方法须遵循下列一般规则：

- ❏ 变量名不能以数字开头
- ❏ 不可以使用已经预先定义了功能的字符串，如 if、for 和 lambda 这样的保留字
- ❏ 区分字母的大小写

列表

列表（list）型变量可以用来存储多个元素，有时也称为数组。需要使用逗号将多个元素分隔。

```
data1 = [3, 5, 2, 4, 6, 1]
```

通过使用嵌套可以构建二维数组（以两个以上数组作为元素的数组）。

```
data2 = [ [3, 5, 2], [4, 6, 1] ]
```

可以通过指定列表中元素的索引来引用各个元素。需要注意索引是从 0 开始按顺序进行编号的。在上面的例子中，data1[0] = 3，data1[1] = 5。此外也可以从列表的末尾开始索引，比如 data1[-1] = 1，data1[-2] = 6。

针对二维数组的情况，可以像 data2[0] = [3, 5, 2]，data2[1] = [4, 6, 1] 这样通过使用第一索引指定行元素。还可以进一步指定该行（一维数组）中的索引。比如 data2[0][0] = 3，data2[1][1] = 6。

一次性取出列表的多个元素称为切片操作。可以通过 [起始索引 : 终止索引] 来指定切片。如此会取出从起始索引到终止索引（−1）的全部数值。比如，对 data1 进行如下操作将输出 3、5 和 2、4。

```
data1[0:2]
data1[2:4]
```

可以通过列表对象预定义的函数（方法）append 将元素添加到列表的末尾。

```
data1.append(8)
print(data1)
```

上述代码的执行结果为 [3, 5, 2, 4, 6, 1, 8]。想在列表的起始或者中间添加元素的话可以使用 insert(插入的位置 , 插入的对象)。例如可以使用下述方法在位置 0 处添加元素 8。

```
data1.insert(0, 8)
print(data1)
```

上述代码执行结果为 [8, 3, 5, 2, 4, 6, 1, 8]。

另一方面，可以使用 del 删除一部分元素。

```
del data1[0]
```

这样 data1 的第 0 个元素就会被删除（结果为 [3, 5, 2, 4, 6, 1, 8]）。虽然 del 函数

功能强大，但是如果如 del data1 这样使用，则 data1 就会被全部删除，因此需要谨慎使用。为了避免这个问题，可以像下面的例子那样使用 pop 方法。

```
data1.pop(0)
```

这样就只会删除第 0 个元素。

除上面介绍的 append、insert、del 和 pop 之外，列表还预定义了许多其他方法。例如 extend（扩充列表）、index（返回索引）、count（计算元素个数）、sort（排序）等。可以通过 help(list) 来确认预定义的方法及其功能。

需要特别注意的是列表的复制。列表的复制分为浅拷贝和深拷贝。下面是浅拷贝的例子。

```
x = [1, 2, 3]
y = x
y[0] = 10
print(y) # 输出 [10, 2, 3]
print(x) # x 的值也变成 [10, 2, 3]
```

像这样将列表复制并变更以后，本来不想变更的原始列表也会随之变更。这是因为浅拷贝仅复制了列表的地址。如果想复制的是值而不是地址，则可以使用 copy 方法进行深拷贝。

```
x = [1, 2, 3]
y = x.copy()
y[0] = 10
print(y) # 输出 [10, 2, 3]
print(x) # x 的值不变，仍旧输出 [1, 2, 3]
```

元组

元组（tuple）与列表一样，也是由按一定顺序排列的多个元素组成的。不同的是，通过元组产生的对象的元素是不可以更改的，即元组是只读的变量。由于这个原因，元组并没有列表那么多的方法可用，只有 count、index 等寥寥几个。因此，元组通常用于定义程序中不想更改的对象。

元组通过圆括号括起来，并用逗号分隔各个元素。

```
tuple = (1,2,3,4) # 也可以写作 tuple = 1,2,3,4
type(tuple)
```

如果元组只有一个元素，需要记作 t=(1,)，不可以省略逗号。如果省略逗号会被 Python 当作数值（int）处理。

字典

字典（dict）由 key（键）和 value（值）组成。例如，在下面的例子中，字典由一对 `'key': value` 表示。

```
d = { 'linestyle': '-.', 'color': 'k' }
```

key 可以是字符串，也可以是数值。可以参照下面的例子对值进行引用。

```
print(d)
print(d['linestyle'])
print(d['color'])
```

输出结果如下所示。

```
{'color': 'k', 'linestyle': '-.'}
-.
k
```

字典和列表类似，也有很多方法可用。例如，可以使用 update 改变字典的某个特定 key 的 value 或者添加新的 key:value 对。

```
x = { 'linestyle':'--', 'label':'plt' }
d.update(x)
print(d)
```

```
{'linestyle': '--', 'color': 'k', 'label': 'plt'}
```

如果要对字典进行添加或改变，使用 `d['label'] = 'plt'` 也可以达到同样效果。如果要删除某个元素，可以使用 `d.pop('label')`。

字典对象可以用作函数的多个关键字参数（可变长度参数）。将其指定为函数参数时要像 `**d` 这样在前面添加 `**`。

2.3.2 流程控制

比较运算和 if 语句

假设 $a = 4$，那么因为 $a < 5$ 成立，所以其运算结果为 True。

反之，因为 $a > 5$ 是不成立的，所以结果为 False。像这样进行比较运算，运算结果为真就输出 True，运算结果为假就输出 False。下面是 Python 中比较运算的例子。

== 等于

```
!=  不等于
>   大于
>=  大于等于
<   小于
<=  小于等于
```

可以使用 if 语句将比较运算作为条件，并以此条件进行分支处理。if 语句的语法为：

```
if 条件表达式:
    条件表达式成立时进行的处理
else:
    条件表达式不成立时进行的处理
```

首先使用"if"语句写出条件表达式，并在其后加上":"（冒号）。然后在下一行编写当条件表达式成立时需执行的语句。执行语句需要缩进（一般使用 4 个半角空格）。其他的编程语言通常使用从"{"到"}"括起来的块（代码段）或者以从"if"的下一行开始直到"end"为止的代码作为块。而 Python 则仅仅使用缩进来表示。

```
if x < 0:
    print('x is negative')
elif x == 0:
    print('x is zero')
else:
    print('x is positive')
```

如上面的例子，当满足 x < 0 时，执行 print('x is negative')。elif 是 else if 的缩写。

需要同时判断多个条件时可以使用 and 和 or。

```
if x < 0 and y < 0:
    print('x and y are negative')
if x < 0 or y < 0:
    print('x or y is negative')
```

还可以像下面这样使用。

```
y = [1, 2, 3]
```

```
if x in y:
    print('x is in y ')
```

像这样，如果 y 包含 x（即当 x 是 1、2 或者 3 的时候），则输出 'x is in y'。

```
y = [1, 2, 3]
if x not in y:
    print('x is not in y ')
```

相应地，如果 y 不包含 x，则输出 'x is not in y'。

for 语句

可以使用 for 语句进行循环处理（预先确定循环次数或者结束条件，并多次执行相同的处理）。在 Python 中使用如下语法。

```
for 变量 in 对象:
    执行的处理
```

"for"语句依次从对象中取出元素代入变量中，并以元素的数量为次数进行循环。例如当指定列表型的对象时，将会从最初的列表元素开始依次代入变量进行循环。

```
for x in [0, 1, 2]:
    print(x)
```

上面的例子将列表 [0, 1, 2] 中的元素依次代入 x 并执行 print(x) 语句，因此结果为 0、1、2。然而，当循环次数增加的时候，事先准备列表就会变得很麻烦。此时可以使用 range 函数。例如，range(3) 就等价于列表 [0, 1, 2]。而 range(1, 5) 则等价于 [1, 2, 3, 4]。

使用 enumerate 函数可以同时取出列表的元素及其所对应的索引，如下所示。

```
for i, word in enumerate(['a', 'b', 'c']):
    print(i, word)
```

输出结果为：

```
0 a
1 b
2 c
```

这里同时使用了列表的元素和索引。

试着指出下面两段代码的区别。

```
#  代码 1
for x in range(3):
    print(x)
    print('python')

#  代码 2
for x in range(3):
    print(x)
print('python')
```

2.3.3　函数定义

在 Python 中可以使用 def 自定义函数。当需要为了某种目的而重复进行一系列操作的时候，最好使用 def 定义新的函数。

定义函数的方法如下所示。

```
def say_hello():
    print('你好')
```

这里的 say_hello 为函数名，print 语句为函数的实体。在这个例子中，如果执行 say_hello() 函数，就会打印"你好"。

一般提到函数时总会涉及输入和输出。在 Python 中可以定义带有输入和输出的函数。带有输入（称为参数）的函数可以写成如下形式。

```
def subject(name):
    print(name + '工程')
```

在上面的例子中 name 是参数，在调用函数的时候通过指定参数的值就可以在函数的实体中使用这个值。本例中如果调用 subject('控制')就会输出"控制工程"。

带有输出（称为返回值）的函数可以写成如下形式。

```
def add(a,b):
    c = a + b
    return c
```

这里的 a 和 b 为参数。通过 return 决定返回值。也就是说，c 就是返回值。在上

面的例子中，我们定义 c = a + b 为函数 add(a, b)，并以 c 为返回值。当执行
result = add(3, 5) 时，8 就会被代入 result。

当我们想把多个参数一次性传入函数的时候，可以写成如下形式。

```
def add(*args):
    return args[0] + args[1]
```

定义 value = [3, 5] 之后，再执行 result = add(*value) 就能得到同样的结
果。如果想以字典对象为参数（关键字参数），则可以写成 **kwargs。

2.3.4   闭包、lambda 表达式、生成器、列表生成式

接下来介绍方便使用的闭包、lambda 表达式、生成器和列表生成式。

闭包

闭包是在函数中嵌套函数。内层函数的返回值不是值而是一个函数。

```
def outer(a, b):
    def inner(c):
        return c * (a + b)
    return inner

f = outer(1, 2)
r = f(3)
print(r)
```

在上面的例子中，我们在 outer 函数中定义了 inner 函数。需要注意的是
outer 的返回值是 inner 函数。当我们执行 f = outer(1, 2) 时，f 就被赋值为
代入了 a = 1、b = 2 的 inner 函数。此时再执行 r = f(3) 就等于执行代入了
c = 3 的 inner 函数。最终结果是 3 * (1 + 2) = 9。如果我们指定 f2 = outer(3,
4)，执行 r2 = f2(3) 就会得到 3 * (3 + 4) = 21 的结果。像这样仅仅指定公式的
形态，而将参数 a、b 设为可变，在我们需要比较代入不同的 c 值的计算结果时
就显得很方便。

lambda 表达式

当我们不想使用 def 定义函数的时候，可以使用 **lambda 表达式**定义临时函
数。lambda 表达式的结构如下：

```
lambda 参数：处理内容
```

在 lambda 的后面编写函数参数。在 "：" 的后面编写使用该参数的处理内容。例

如，以 a、b 为参数，2*a + 3*b 为返回值的函数可以使用如下 lambda 表达式来
表示。

```
c = (lambda a, b: 2*a + 3*b)(1.0, 4.0)
print(c)
```

最后的 1.0 和 4.0 是传递给 a 和 b 的值。本例的结果为 14.0。只有 1 行左右长度
的函数可以如此定义而不必特意给出名称。因此 lambda 又称为**匿名函数**。

　　当需要使用多个数据进行上述计算的时候，可以将 lambda 和 map 结合起来
使用。

```
data1 = [1, 2, 3, 4, 5]
data2 = [10, 9, 8, 7, 6]
result = list(map(lambda a, b:2*a + 3*b, data1, data2))
print(result)
```

在 map 函数中通过第一个参数指定处理内容，通过第二个参数指定处理对象的列
表。输出结果为 [32, 31, 30, 29, 28]。

　　生成器

　　在函数中编写多个"yield 处理内容"，使用 next() 调用函数时按顺序依次
处理的功能称为**生成器**。

```
def linestyle_generator():
    linestyle = ['-', '--', '-.', ':']
    lineID = 0
    while True:
        yield linestyle[lineID]
        lineID = (lineID + 1) % len(linestyle)
```

```
LS = linestyle_generator() # 生成名为 LS 的生成器
for i in range(5):
    print(next(LS)) # 每次执行一次 LS 中的 yield 部分
```

本例中，在输出"-"后会输出"--"，之后依次输出"-."":"。当不想一次
性执行函数的实体，而是根据每次调用来变换执行内容的时候，使用生成器比较
合适。

　　上面的例子中的代码可以用于绘图，比如每次执行绘图函数的时候需要变更
线型时。

　　列表生成式

　　可以使用下述代码生成列表。

```
t = (1, 2, 3, 4, 5)
r1 = [i for i in t]
print(r1)
```

执行结果为 [1，2，3，4，5]，即依次取出元组的元素放入列表中。进一步，可以写出如下代码。

```
r2 = [i for i in t if i % 2 == 0]
print(r2)
```

此时，只有能被 2 整除的元素被放入列表中。执行结果为 [2，4]。这称为**列表生成式**。

2.3.5 模块

模块是多个对象（方法）的集合。Python 提供各种不同的模块。通过加载必要的模块使用其功能。模块可以通过 import 导入。例如，当需要导入 Numpy 模块时可以编写如下代码。

```
import numpy
```

然后就可以像 numpy.sqrt() 一样调用 Numpy 模块里的函数。

```
import numpy as np
```

像这样导入 Numpy 并将其重命名为 np，就可以像 np.sqrt() 一样调用 Numpy 模块里的 sqrt 函数了。

当我们只想使用某些特定的函数时，可以编写如下代码。

```
from numpy import sqrt

from numpy.linalg import *
```

上方的写法是省略 numpy 和 np 而直接使用 sqrt 调用 numpy.sqrt 的方法。下方的写法则是为了使用 numpy.linalg 中的所有函数（比如 det 和 inverse）。

由于不同的模块里可能含有同名的函数，因此在加载多个模块的时候需特别注意以免产生冲突。

最后让我们来看一下 math 模块。

```
import math
```

通过上述代码加载 math 模块后就可以使用常用的数学函数了。

比如，可以使用三角函数（`math.sin`、`math.cos`、`math.tan`）、指数函数（`math.exp`）、对数函数（`math.log`、`math.log10`）、平方根（`math.sqrt`）、自然常数（`math.e`）和圆周率（`math.pi`）等。

若想知道还有哪些函数，请通过执行 `help(math)` 来查看文档。

请写一段代码计算并输出从 1 到 50 的和的平方根。

● **参考答案**

```
from numpy import sqrt
# 使用 for 语句求和
s=0
for x in range(1,51):
    s+=x
print(sqrt(s))

# 使用 sum 函数
s = sum(range(1,51))
print(sqrt(s))

# 使用生成式
s = sum(x for x in range(1,51))
print(sqrt(s))
```

2.4 本书中用到的模块

接下来简单介绍本书中用到的几个模块：Numpy、Matplotlib、Scipy、Sympy和 Python-Control。

2.4.1 Numpy

Numpy 是用于数值计算的基础包。

使用 Numpy 可以高速高效地进行各种数值计算、统计处理以及信号处理。

使用 `import numpy as np` 加载 Numpy 模块后，就可以使用平方根（`np.sqrt`）、绝对值（`np.abs`）、三角函数（`np.sin`、`np.cos`、`np.arcsin`、`np.arccos`）、指数（`np.exp`）、对数（`np.log`、`np.log10`）、四舍五入（`np.round`）等基本的数值

计算用的函数了。此外，弧度（rad）和角度（deg）换算的函数 np.rad2deg 也包括在内，还可以使用圆周率（np.pi）。

复数通过在虚部后面添加 j 来表示。可以使用 np.imag 来取出虚部。同样，可以使用 np.real 来取出实部，用 np.conj 来求得共轭复数。

还可以进行向量和矩阵运算。可以使用 np.array 来定义向量和矩阵。

```
A = np.array([ [ 1, 2], [-3, 4]])
print(A)
```

```
[[ 1  2]
 [-3  4]]
```

可以使用 T 方法来求得转置矩阵。

```
print(A.T)
```

```
[[ 1 -3]
 [ 2  4]]
```

可以使用 np.linalg.inv 来求得逆矩阵。

```
B = np.linalg.inv(A)
print(B)
```

```
[[ 0.4 -0.2]
 [ 0.3  0.1]]
```

可以像下面这样进一步求得矩阵对应的行列式的值、矩阵的秩、特征值以及范数。

```
np.linalg.det(A) # 行列式
```

```
10.000000000000002
```

```
np.linalg.matrix_rank(A) # 秩
```

```
2
```

```
w, v = np.linalg.eig(A) # 特征值和特征向量
print('eigenvalue=',w)
print('eigenvector=\n',v)
```

```
eigenvalue= [2.5+1.93649167j 2.5-1.93649167j]
eigenvector=
 [[0.38729833-0.5j 0.38729833+0.5j]
 [0.77459667+0.j 0.77459667-0.j ]]
```

```
x = np.array([1, 2])
print(x)
np.linalg.norm(x)  # 范数
```

```
2.23606797749979
```

此外，还可以使用 np.arange 构建数列。

```
Td = np.arange(0, 10, 1)
print(Td)
```

```
[0 1 2 3 4 5 6 7 8 9]
```

上例中构建了一个从 0 开始到 10（不包含）为止，且间隔为 1 的数列。

2.4.2　Matplotlib

Matplotlib 用于图形描绘，可以用它制作各种类型的图形和动画。绘图的具体例子可以参考它的主页（http://matplotlib.org/gallery.html）。可以像下面这样加载 Matplotlib 模块。

```
import matplotlib.pyplot as plt
```

如果要在 Jupyter Notebook 中显示图形，则需要在最开始添加如下代码。

```
%matplotlib inline
```

如果使用了本书提供的 Docker 镜像，则不用添加上述代码也可显示图形。

让我们来看一个绘图的例子（见**代码段 2.1**）。

代码段 2.1　绘图

```
import numpy as np
import matplotlib.pyplot as plt
x = np.arange(0, 4 * np.pi, 0.1)
y = np.sin(x)
plt.plot(x, y)  # 横轴使用 x，纵轴使用 y 绘图
plt.xlabel('x')  # 设定 x 轴的标签
plt.ylabel('y')  # 设定 y 轴的标签
plt.grid()       # 显示网格
plt.show()
```

这样可以画出如**图 2.9** 所示的图形。

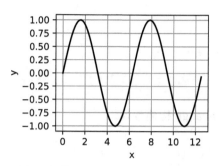

图 2.9　使用 matplotlib 绘图的例子

如果需要对细节进行进一步的调整以做出更美观的图形，则仅仅这样还是不够的。此时需要如**代码段 2.2** 所示采用能够对细节进行调整的面向对象的绘图方式。

代码段 2.2　面向对象的绘图

```
fig, ax = plt.subplots() # 生成 Figure 和 Axes 对象
ax.plot(x, y) # 在 Axes 对象中生成图形
ax.set_xlabel('x')
ax.set_ylabel('y')
ax.grid()
plt.show()
```

可以在 Figure 对象中生成 Axes 对象，并将数据传递给 Axes 对象的方法（`.plot()`）来进行绘图[⊖]。可以进一步使用 Axes 对象的方法（`.set_xlabel()` 等）来对图形进行调整。虽然可以像代码段 2.1 这样，在没有明确地生成对象的前提下描绘图形，但是如果明确生成各个对象，就可以在绘图的同时对细节进行调整。例如，可以如**图** 2.10 所示，在 Figure 中生成两个 Axes 对象。

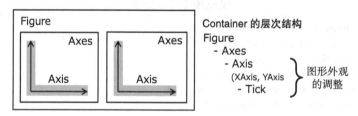

图 2.10　在 Figure 中生成两个 Axes 对象

可以使用**代码段 2.3** 生成**图** 2.11。

⊖　也可以在 fig = plt.figure() 之后，输入 ax = fig.add_subplot(1, 1, 1)。参数 1, 1,
　　1 表示行、列和位置。

代码段 2.3 生成图 2.11 的代码

```python
fig, ax = plt.subplots(2,1)  # 设置 2 行 1 列的子图形

x = np.arange(0, 4 * np.pi, 0.1)
y = np.sin(x)
z = np.cos(x)
w = y + z

#  生成第一个图形
ax[0].plot(x, y, ls='-', label='sin', c='k')
ax[0].plot(x, z, ls='-.', label='cos', c='k')
ax[0].set_xlabel('x')
ax[0].set_ylabel('y, z')
ax[0].set_xlim(0, 4*np.pi)
ax[0].grid()
ax[0].legend()

#  生成第二个图形
ax[1].plot(x, w, color='k', marker='.')
ax[1].set_xlabel('x')
ax[1].set_ylabel('w')
ax[1].set_xlim(0, 4*np.pi)
ax[1].grid(ls=':')

fig.tight_layout()  # 防止图形重叠
```

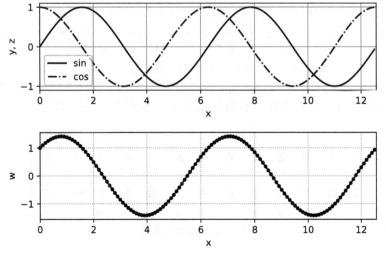

图 2.11 绘制面向对象型的图形

图例可以通过在绘图时使用 label = 'hogehoge' 添加，并在最后通过 ax.legend() 输出。还可以使用类似 x.legend(loc = 'best') 这样的语句来指定图例的位置。指定位置时可以使用**表** 2.1 中的字符串或数值。

表 2.1　指定图例位置时使用的字符串和数值

'best'	0	'upper right'	1
'upper left'	2	'lower left'	3
'lower right'	4	'right'	5
'center left'	6	'center right'	7
'lower center'	8	'upper center'	9
'center'	10		

线的类型可以通过 linestyle = '-' 或者 ls = '-' 来设定。符号与线型的关系如**表** 2.2 所示。线的粗细可以使用类似 linewidth = 2 或者 lw = 2 这样的代码来指定。线的颜色可以通过 color = 'r' 或者 c = 'r' 来指定。字符与颜色的关系如**表** 2.3 所示。

表 2.2　符号与线型的关系

符号	线型
-	实线
-.	点画线
--	虚线
..	点线

表 2.3　字符与颜色的关系

字符	颜色	字符	颜色
b	蓝	g	绿
r	红	c	青
m	品红	y	黄
k	黑	w	白

记号的类型通过 marker = 'o' 来指定。部分记号的类型如下所示：

> "." "," "o" "v" "^" "<" ">" "1" "2" "3" "4" "8"
> "s" "p" "*" "h" "H" "+" "x" "D" "d" "|" "_" "x"

实际的显示效果（按照顺序）如**图** 2.12 所示。记号的大小可以像 s = 10 这样设定。

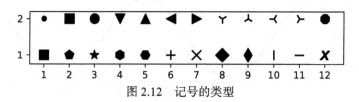

图 2.12　记号的类型

可以使用 fig.savefig("hogehoge.pdf") 来保存图形。

2.4.3 Scipy

Scipy 是用于数值计算算法的扩展包,提供了信号处理、优化和统计等功能的函数,还包含了控制系统分析和设计用的函数。这里介绍用于求解微分方程的 odeint。

试求下述微分方程的数值积分:

$$\dot{y}(t) = -\frac{1}{5}y(t) + \frac{1}{5}u(t)$$

假设输入 $u(t)$ 为:

$$u(t) = \begin{cases} 0 & (t < 10) \\ 1 & (t \geqslant 10) \end{cases}$$

代码段 2.4 的输出结果如**图 2.13** 所示。通过 def 定义微分方程 system,并将其与初始值 y0 和时间 t 一起传递给 odeint。

代码段 2.4　微分方程的数值积分

```python
from scipy.integrate import odeint
import numpy as np
import matplotlib.pyplot as plt

# 定义微分方程
def system(y, t):
    if t < 10.0:
        u = 0.0
    else:
        u = 1.0
    dydt = (-y + u)/5.0
    return dydt

# 通过设定初始值和时间求解微分方程
y0 = 0.5
t = np.arange(0, 40, 0.04)
y = odeint(system, y0, t)

# 绘图
fig, ax = plt.subplots()
ax.plot(t, y, label='y')
ax.plot(t, 1 * (t>=10), ls='--', label='u')
ax.set_xlabel('t')
ax.set_ylabel('y, u')
ax.legend(loc='best')
ax.grid(ls=':')
```

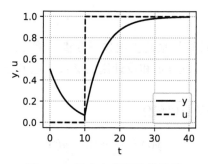

图 2.13　微分方程的数值计算

2.4.4　Sympy

Sympy 是用于符号计算的模块。通过它可以把变量当作符号处理并进行各种计算。例如，可以进行表达式展开、因式分解、微分、积分甚至是拉普拉斯变换。

```python
import sympy as sp
sp.init_printing()
s = sp.Symbol('s')
root = sp.solve(2 * s**2 +5*s+3, s)
print(root)
```

```
[-3/2, -1]
```

在上面的例子中，我们通过 Symbol 将变量定义为字符，使用 solve 求得方程的根。如果使用 init_printing()，还可以输出 LaTeX 格式[⊖]的结果。此时不要使用 print，应直接输入 root。

使用 expand 可以进行表达式展开，使用 factor 可以进行因式分解。

```python
f = sp.expand( (s+1)*(s+2)**2, s)
print(f)
```

```
s**3 + 5*s**2 + 8*s + 4
```

```python
g = sp.factor(f, s)
print(g)
```

```
(s + 1)*(s + 2)**2
```

本书除了上面介绍的功能以外还使用了 series（泰勒展开）、apart（部分分式分解）、laplace_transform（拉普拉斯变换）、inverse_laplace_transform（逆

⊖　LaTex 是一种基于 TeX 的排版系统。——译者注

拉普拉斯变换）等功能。

2.4.5 Python-Control

本书通过实例介绍 Python-Control 函数。本书用到的函数及其基本使用方法总结在**表 2.4～表 2.8** 中，请读者在阅读过程中随时查阅。如果系统 sys 表示成以下形式：

$$\mathcal{P}(s) = \frac{b_m s^m + \cdots + b_1 s + b_0}{a_n s^n + \cdots + a_1 s + a_0} = k \frac{(s - z_1) \cdots (s - z_m)}{(s - p_1) \cdots (s - p_n)}$$

那么 num 就表示 $[b_m, \cdots, b_0]$，den 就表示 $[a_n, \cdots, a_0]$，k 就表示 k，z 就表示 $[z_1, \cdots, z_m]$，p 就表示 $[p_1, \cdots, p_n]$。如果系统 sys 表示成以下形式：

$$\begin{cases} \dot{x}(t) = Ax(t) + Bu(t) \\ y(t) = Cx(t) + Du(t) \end{cases}$$

那么 A 就表示 A，B 就表示 B，C 就表示 C，D 就表示 D。

可通过下述方法加载模块。

```
import control
```

也可以使用下述方法从模块中导入类 MATLAB 函数$^{\ominus}$。

```
from control.matlab import *
```

表 2.4　模型描述

函数名	用法举例	解说
tf	sys = tf(num, den)	定义传递函数模型
ss	sys = ss(A, B, C, D)	定义状态空间模型
tfdata	[[num]], [[den]] = tfdata(sys)	取出传递函数的分子多项式、分母多项式
ssdata	A, B, C, D = ssdata(sys)	取出状态空间的 A、B、C、D
tf2ss	sysss = tf2ss(systf)	将传递函数转换为状态空间
ss2tf	systf = ss2tf(sysss)	将状态空间转换为传递函数
series	sys = series(sys1, sys2)	系统串联连接
parallel	sys = parallel(sys1, sys2)	系统并联连接
feedback	sys = feedback(sys1, sys2, sign=-1)	系统反馈连接
minreal	sysmin = minreal(sys)	最小实现

$\ominus$　control.bode_plot 和 control.matlab.bode 的名字虽然不同，但函数功能是一样的。类似这样，control 模块中有一部分函数以与 MATLAB 函数同样的名字存在于 control. matlab 中。

表 2.5　模型分析

函数名	用法举例	解说
pole	p = pole(sys)	求取传递函数的极点
zero	z = zero(sys)	求取传递函数的零点
dcgain	k = dcgain(sys)	求取直流增益
step	y, t = step(sys, Td)	阶跃响应
impulse	y, t = impulse(sys, Td, X0)	冲激响应
initial	y, t = initial(sys, Td, X0)	初始值响应（零输入响应）
lsim	y, t, x0 = lsim(sys, Ud, Td, X0)	对任意输入的时间响应
bode	gain, phase, w = bode(sys, W)	伯德图
nyquist	re, im, w = nyquist(sys, W)	奈奎斯特图
margin	gm, pm, wpc, wgc = margin(sys)	增益裕度和相位裕度 计算相位穿越频率和增益穿越频率
freqresp	g, ph, w = freqresp(sys, Wc)	计算特定频率下的幅值和相位
ctrb	Uc = ctrb(A, B)	计算可控性矩阵
obsv	Uo = obsv(A, C)	计算可观测性矩阵

表 2.6　控制系统设计

函数名	用法举例	解说
pade	sys = pade(h, n)	延时元素的帕德近似 （h：延迟时间、n：次数）
acker	F = -acker(A, B, p)	单输入系统的极点配置法
place	F = -place(A, B, p)	多输入系统的极点配置法
lqr	F, X, E = lqr(A, B, Q, R)	将最优调节器 $J = \int_0^\infty (x^\mathrm{T}Qx + u^\mathrm{T}Ru)\mathrm{d}t$ 最小化 F：增益、X：黎卡提方程的解、E：闭环极点
care	X, E, F = care(A, B, Q, R)	黎卡提方程的解 $A^\mathrm{T}P + PA - PBR^{-1}B^\mathrm{T}P + Q = 0$ X：解、F：$F = -R^{-1}B^\mathrm{T}P$、E：闭环极点
c2d	Pd = c2d(Pc, method='zoh') Pd = c2d(Pc, method='tustin')	将连续时间模型转换为离散时间模型 zoh：零阶保持、tustin：双线性变换

表 2.7　模型解析（from control import cannonical_form）

函数名	用法举例	解说
cannonical_form	S, T = cannonical_form(sys, form='reachable') S, T = cannonical_form(sys, form='observable')	可控规范型 可观测规范型

表 2.8　控制系统设计（from control import mixsyn）

函数名	用法举例	解说
mixsyn	K, E, Info = mixsyn(sys, Ws, Wu, Wt)	解决混合灵敏度问题

除了上面介绍的这些函数之外还有一些其他的方便实用的函数。

比如，求取根轨迹的函数 rlocus、求取平衡降阶模型的函数 balred、求解李雅普诺夫方程的函数 lyap、用于 H_2 控制系统设计的函数 h2syn 以及用于 H_∞ 控制系统设计的函数 hinfsyn 等。

详细内容可以参考 Python Control Systems Library：https://python-control. readthedocs.io/en/0.8.1/index.html

第2章　总结

Python 的基础知识是不是大致掌握了？

还没开始学习控制，感觉就快要泄气了呢。

程序不是自己写过一遍就无法理解，也没办法进步。在读本书的时候顺带也能熟悉 Python，所以还要加油呀。要是有不懂的地方，就再读一读这一章或者在网上查一查也可以。

说的是呢。反正先往下读吧。

那么，我去约会了哦。

（妹妹啊，你那么喜欢动漫和机器人，我还以为你比较喜欢待在家里，没想到现实生活很充实啊。）啊啊啊啊啊！

- Jupyter Notebook 使用单元格记录代码，使用 [Shift] + [Enter] 组合键执行程序。
- Python 中的"数据和类型"以及"流程控制"与其他编程语言不同。
- Python 预先准备了很多方便实用的模块。
- "Control"模块提供了很多控制工程师常用的函数。
- 在绘图中，如果使用了面向对象型，则可以调整很多细节部分。

控制系统建模

我觉得终于到了可以开始学习控制方法的阶段了。

 是的。话说回来，你知道搭建"模型"的方法吗？

 什么模型？塑料模型？

 不是，是被控对象的模型。为了控制被控对象，需要了解被控对象的特征，所以需要搭建能够反映其特征的数学模型，然后再研究施加某种输入的时候模型所表现出来的行为。

 这样啊。是不是就是物理课上学过的运动方程呢？

 虽然这也是一种模型，但在控制工程里，我们通常需要把运动方程（微分方程）转换成"传递函数"或"状态方程"的形式。

 这么说来，当初我读到一半放弃的那本书里，好像的确写了拉普拉斯变换和传递函数之类的内容。

 对的。这么做的话，会比用微分方程来表示要容易理解得多。用传递函数的话，就不会涉及微分和积分；用状态方程的话，就只涉及（一阶）微分方程，其中只会出现一个时域微分。被控对象越复杂，你就越能感受到传递函数和状态方程所带来的好处。关于具体内容，还是读一读这一章吧。

 好的，看我的！

3.1　描述动态系统

被控对象在很多情况下属于动态系统。

所谓**动态系统**，指的是当前输出取决于过去输入的系统。它和**静态系统**的区别在于"是否带有记忆功能"这一点。例如，让我们看一下如**图 3.1** 所示的自动铅笔。其常见的结构是按压一下就发出"咔嚓"一声，笔芯随之伸长一段。我们把按压作为输入，"咔嚓"声作为输出，那么这个系统就是静态系统。之所以这么说，是因为"咔嚓"声（输出）只取决于当前的按压（输入），不受过去的按压的影响。反过来，当我们把是否按压作为输入，当前笔芯伸出的长度作为输出的时候，由于当前笔芯伸出的长度不仅取决于当前的输入，还受过去按压次数的影响，因此这个系统就是一个动态系统。

让我们用简单的公式来表示上面的例子。定义 k 时刻的输入为 u_k，输出为 y_k。我们用 $u_k = 1$ 表示按压，$u_k = 0$ 表示没有按压。如果是静态系统，那么只用 u_k 就可以确定 y_k，因此可以用 $y_k = u_k$ 来表示。如果是动态系统，那么就有 $y_k = y_{k-1} + u_k$，通过将 1 个单位时间前的笔芯长度 y_{k-1} 加上表示是否按压的 u_k，就可以得到当前的笔芯长度 y_k。也可以写成 $y_k = u_k + u_{k-1} + \cdots + u_0 + y_0$。

现在让我们在上面例子的基础上试着写出动态系统的一般表达式。

对于一个输入为 u，输出为 y 的动态系统，当 t 时刻的输出 $y(t)$ 由直到 t 时刻为止的输入和输出来决定的时候，这个系统可以用下面的微分方程来表述：

$$\frac{\mathrm{d}^n}{\mathrm{d}t^n} y(t) + a_{n-1} \frac{\mathrm{d}^{n-1}}{\mathrm{d}t^{n-1}} y(t) + \cdots + a_1 \frac{\mathrm{d}}{\mathrm{d}t} y(t) + a_0 y(t)$$

$$= b_m \frac{\mathrm{d}^m}{\mathrm{d}t^m} u(t) + b_{m-1} \frac{\mathrm{d}^{m-1}}{\mathrm{d}t^{m-1}} u(t) + \cdots + b_1 \frac{\mathrm{d}}{\mathrm{d}t} u(t) + b_0 u(t) \tag{3.1}$$

当 t 时刻的输出只取决于 t 时刻的输入 $u(t)$ 的时候，这就会成为一个静态系统 $y(t) = b_0 u(t)$。

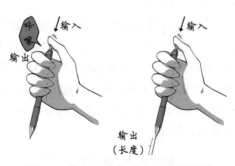

图 3.1　静态系统和动态系统的例子

通常很多被控对象都可以写成微分方程的形式。比如机械系统的运动方程、电气系统的电路方程都是微分方程。下面将选取手推车、垂直驱动机械臂、RCL电路和放大电路作为机械系统和电气系统的被控对象，并介绍其建模的方法。

3.1.1　手推车的模型

让我们来尝试推导如**图 3.2** 所示的手推车的模型。

假设手推车的质量为 M ，手推车的位置为 $z(t)$ ，手推车所受外力的总和为 $F(t)$ ，则手推车的运动方程为 $M\ddot{z}(t) = F(t)$ 。这里的 $\ddot{z}$ 是 z 对时间的 2 阶导数，表示加速度。另外， $\dot{z}$ 是 z 对时间的 1 阶导数，表示速度。手推车所受到的外力为力 $f(t)$ 和黏性摩擦力 $-\mu\dot{z}(t)$ ，因此外力的总和为 $F(t) = f(t) - \mu\dot{z}(t)$ （黏性摩擦力的作用方向与手推车前进的方向相反，因此符号为负）。这样，手推车的运动方程可以写成：

$$M\ddot{z}(t) + \mu\dot{z}(t) = f(t) \tag{3.2}$$

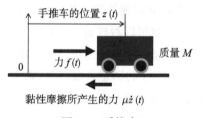

图 3.2　手推车

以速度 $y(t) = \dot{z}(t)$ 作为输出，力 $u(t) = f(t)$ 作为输入，则运动方程可以写成：

$$M\dot{y}(t) + \mu y(t) = u(t) \tag{3.3}$$

3.1.2　垂直驱动机械臂的模型

接下来，让我们尝试推导如**图 3.3** 所示的垂直驱动型机械臂的模型。假设绕机械臂转动轴的转动惯量为 J ，质量为 M ，重力加速度为 g 。此时，若设机械臂的角度为 $\theta(t)$ ，施加到机械臂的总外部扭矩为 $T(t)$ ，则运动方程可以写作 $J\ddot{\theta}(t) = T(t)$ 。外部扭矩包含扭矩 $\tau(t)$ 、由黏性摩擦力带来的扭矩 $-\mu\dot{\theta}(t)$ ，以及由于重力带来的扭矩为 $-Mg\ell\sin\theta(t)$ ，因此外扭矩为 $T(t) = \tau(t) - \mu\dot{\theta}(t) - Mg\ell\sin\theta(t)$ 。据此，机械臂的运动方程可以写成：

$$J\ddot{\theta}(t) + \mu\dot{\theta}(t) + Mg\ell\sin\theta(t) = \tau(t) \tag{3.4}$$

以速度 $y(t) = \theta(t)$ 作为输出，力 $u(t) = \tau(t)$ 作为输入，则可以写成：

$$J\ddot{y}(t) + \mu\dot{y}(t) + Mg\ell\sin y(t) = u(t) \tag{3.5}$$

然而，这并不符合式（3.1）的格式，因为上式中包含了 $\sin y(t)$。换句话说，$\sin y(t)$ 这个非线性因素使得我们没有办法将其写成式（3.1）那样的线性微分方程。

在这种情况下，我们可以假定机械臂在 $y(t) = 0$ 的附近转动来搭建模型。这叫作**线性近似**。$\sin y(t)$ 在 $y(t) = 0$ 附近近似等于 $y(t)$（在 $w = \sin y$ 的函数图像中，过 $y = 0$ 的点的切线就是直线 $w = y$）。

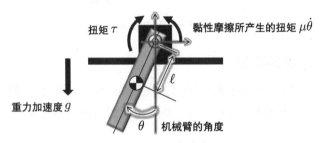

图 3.3　垂直驱动机械臂

这样，将 $\sin y(t) = y(t)$ 代入式（3.5）中，就可以得到如下线性微分方程：

$$J\ddot{y}(t) + \mu\dot{y}(t) + Mg\ell y(t) = u(t) \tag{3.6}$$

3.1.3　RCL 电路的模型

让我们来看一下由电阻（R）、电容（C）和线圈（L）构成的 RCL 电路（如图 3.4 所示）。设电路上施加的电压为 $v_{\text{in}}(t)$，流过电路的电流为 $i(t)$，电容两端的电压为 $v_{\text{out}}(t)$，并设线圈的电感为 L，电阻的大小为 R，电容的容量为 C。

根据欧姆定律可以得到：

$$v_{\text{in}}(t) = L\frac{\mathrm{d}}{\mathrm{d}t}i(t) + Ri(t) + \frac{1}{C}\int_0^t i(\tau)\mathrm{d}\tau \tag{3.7}$$

设定输出为

$$y(t) = v_{\text{out}}(t) = \frac{1}{C}\int_0^t i(\tau)\mathrm{d}\tau$$

设定输入为

$$u(t) = v_{\text{in}}(t)$$

因为 $C\dot{y}(t) = i(t)$，我们得到：

$$LC\ddot{y}(t) + RC\dot{y}(t) + y(t) = u(t) \tag{3.8}$$

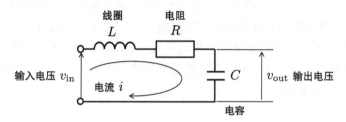

图 3.4　RCL 电路

3.1.4　放大电路的模型

让我们来研究图 3.5 所示的使用运算放大器（简称"运放"）的放大电路。设输入电压为 $v_{\mathrm{in}}(t)$，输出电压为 $v_{\mathrm{out}}(t)$，两个电阻的电阻分别为 R_1 和 R_2，电容的容量为 C。

如图 3.5 中这样搭建电路，运放的两个输入端的电势差为 0，这称为虚短。也就是说，"运放在图中★标记的位置短路"。也可以理解成"上方的输入接地（GND）"。根据欧姆定律和基尔霍夫定律可以推导出电路方程。流过 R_1 的电流为

$$i_1(t) = \frac{v_{\mathrm{in}}(t)}{R_1}$$

流过 R_2 的电流为

$$i_2(t) = \frac{v_{\mathrm{out}}(t)}{R_2}$$

流过 C 的电流 i_3 与输出电压的关系为

$$v_{\mathrm{out}}(t) = \frac{1}{C}\int i_3(t)\mathrm{d}t$$

也就是说：

$$\dot{v}_{\mathrm{out}}(t) = \frac{1}{C}i_3(t)$$

由于 $i_1(t) + i_2(t) + i_3(t) = 0$，因此我们得到：

$$\frac{v_{\mathrm{in}}(t)}{R_1} + \frac{v_{\mathrm{out}}(t)}{R_2} + C\dot{v}_{\mathrm{out}}(t) = 0 \tag{3.9}$$

设输出 $y(t) = v_{\mathrm{out}}(t)$，输入 $u(t) = v_{\mathrm{in}}(t)$，于是得到：

$$R_1 R_2 C \dot{y}(t) + R_1 y(t) = -R_2 u(t) \qquad (3.10)$$

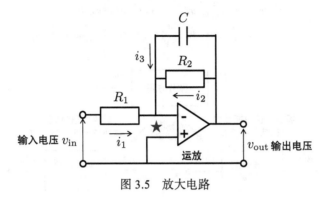

图 3.5   放大电路

3.1.5   控制工程中使用的模型描述

通过求解微分方程，可以获知被控对象的行为。然而，越是复杂的被控对象，就越有可能表现为高阶多元的微分方程，常常很难对其进行求解。即使找到了方程的解，也可能很难分析其行为。例如，考虑如下所示的两个系统：

$$
\begin{cases}
\mathcal{P}_1 : \dfrac{\mathrm{d}^n}{\mathrm{d}t^n} y(t) + a_{n-1} \dfrac{\mathrm{d}^{n-1}}{\mathrm{d}t^{n-1}} y(t) + \cdots + a_1 \dfrac{\mathrm{d}}{\mathrm{d}t} y(t) + a_0 y(t) \\
\qquad = b_m \dfrac{\mathrm{d}^m}{\mathrm{d}t^m} u(t) + b_{m-1} \dfrac{\mathrm{d}^{m-1}}{\mathrm{d}t^{m-1}} u(t) + \cdots + b_1 \dfrac{\mathrm{d}}{\mathrm{d}t} u(t) + b_0 u(t) \\
\mathcal{P}_2 : \dfrac{\mathrm{d}^n}{\mathrm{d}t^n} z(t) + c_{n-1} \dfrac{\mathrm{d}^{n-1}}{\mathrm{d}t^{n-1}} z(t) + \cdots + c_1 \dfrac{\mathrm{d}}{\mathrm{d}t} z(t) + c_0 z(t) \\
\qquad = d_m \dfrac{\mathrm{d}^m}{\mathrm{d}t^m} y(t) + d_{m-1} \dfrac{\mathrm{d}^{m-1}}{\mathrm{d}t^{m-1}} y(t) + \cdots + d_1 \dfrac{\mathrm{d}}{\mathrm{d}t} u(t) + d_0 y(t)
\end{cases}
\qquad (3.11)
$$

然后将两个系统并联。此时，若是输入 $u(t)$ 产生了微小的变化，那么 $z(t)$ 的值将会如何变化呢？读者应该很容易想象分析的难度。

因此，在控制工程中，我们不会直接使用微分方程，而是将其转换成"传递函数模型"或"状态空间模型"（如**图 3.6** 所示）。传递函数模型是使用复变函数来表现系统的模型。通过使用一个复变函数可以表现多个方程，因此使得分析变得容易。

状态空间模型则使用向量值的一阶微分方程（称为状态方程）。虽然是向量值，但仍然属于一阶微分方程，所以求解并不困难，分析起来也相对容易，而且可以明确地处理初始值的影响，也很容易适用多输入输出系统。

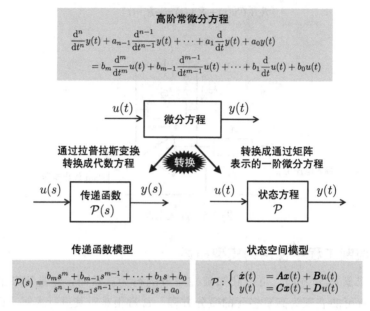

图 3.6 系统的表示方法

3.2 传递函数模型

传递函数可以通过将微分方程两边进行初始值为 0 的拉普拉斯变换得到。

简单来说，用 s 的函数（复变函数）替换时间函数，并用 s 替换微分符号，用 $\frac{1}{s}$ 替换积分符号，得到 s 的多项式。比如像下面这样：

$$y(t) \rightarrow y(s)$$

$$\dot{y}(t) \rightarrow sy(s)$$

$$\frac{\mathrm{d}^n}{\mathrm{d}t^n}y(t) \rightarrow s^n y(s)$$

$$\int y(t)\mathrm{d}t \rightarrow \frac{1}{s}y(s)$$

$$\iint \cdots \int y(t)(\mathrm{d}t)^n \rightarrow \frac{1}{s^n}y(s)$$

也就是说，在时域中进行微分操作相当于在 s 域中进行乘法操作，而在时域中进行积分操作则相当于在 s 域中进行除法操作。根据以上原则，可以构建如下传递函数模型。

式（3.1）可以用下面的**传递函数**来表示：

$$\mathcal{P}(s) = \frac{y(s)}{u(s)} = \frac{b_m s^m + b_{m-1}s^{m-1} + \cdots + b_1 s + b_0}{s^n + a_{n-1}s^{n-1} + \cdots + a_1 s + a_0} \qquad (3.12)$$

此处 $y(s) = \mathcal{L}[y(t)]$，　$u(s) = \mathcal{L}[u(t)]$，$\mathcal{L}$ 代表拉普拉斯变换。

传递函数模型表达系统的输入 u 和输出 y 之间的关系。系统 $\mathcal{P}(s)$ 的输出为 $y(s) = \mathcal{P}(s)u(s)$。

拉普拉斯变换

函数 $g(t)$ 的**拉普拉斯变换**由下式定义：

$$g(s) = \mathcal{L}[g(t)] := \int_0^\infty g(\tau)e^{-s\tau}d\tau \qquad (3.13)$$

拉普拉斯变换的各种性质可以参考附录。

$\dot{y}(t)$ 的拉普拉斯变换如下：

$$
\begin{aligned}
\mathcal{L}[\dot{y}(t)] &= \int_0^\infty \dot{y}(\tau)e^{-s\tau}d\tau \\
&= [y(\tau)e^{-s\tau}]_0^\infty - \int_0^\infty -sy(\tau)e^{-s\tau}d\tau \\
&= [y(\tau)e^{-s\tau}]_0^\infty + s\int_0^\infty y(\tau)e^{-s\tau}d\tau \\
&= sy(s) - y(0)
\end{aligned}
\qquad (3.14)
$$

若初始值 $y(0) = 0$，则得到 $sy(s)$。通过类似的计算，我们可以得到 $\mathcal{L}[\ddot{y}(t)] = s^2 y(s)$。

接下来让我们来推导 $y(t)$ 的时域积分的拉普拉斯变换：

$$f(t) = \int_0^t y(\tau)d\tau \qquad (3.15)$$

由于 $\dot{f}(t) = y(t)$，对其左边进行拉普拉斯变换后得到：

$$\mathcal{L}[\dot{f}(t)] = sf(s) - f(0) = sf(s) - \int_0^0 y(\tau)d\tau = sf(s) \qquad (3.16)$$

因此我们得到：

$$\mathcal{L}\left[\int_0^t y(\tau)\mathrm{d}\tau\right] = \mathcal{L}[f(t)] = f(s) = \frac{1}{s}\mathcal{L}[\dot{f}(t)]$$

$$= \frac{1}{s}\mathcal{L}[y(t)] = \frac{1}{s}y(s)$$

（3.17）

通过类似的计算，我们可以得到 $\mathcal{L}[\iint y(\tau)(\mathrm{d}\tau)^2] = \dfrac{1}{s^2}y(s)$ 。

3.2.1   手推车和机械臂的传递函数模型

首先，让我们推导手推车和机械臂的传递函数模型。

根据式（3.3），手推车的微分方程为 $M\dot{y}(t) + \mu y(t) = u(t)$ 。设其初始值为 0（ $y(0) = 0, \dot{y}(0) = 0$ ），对其两边进行拉普拉斯变换就得到 $Msy(s) + \mu y(s) = u(s)$ 。整理后得到 $(Ms + \mu)y(s) = u(s)$ ，于是其传递函数模型为：

$$\mathcal{P}(s) = \frac{y(s)}{u(s)} = \frac{1}{Ms + \mu}$$

（3.18）

同样地，对于机械臂，对式（3.6）的两边进行拉普拉斯变换可以得到 $Js^2 y(s) + \mu sy(s) + Mg\ell y(s) = u(s)$ 。因此，其传递函数模型为

$$\mathcal{P}(s) = \frac{y(s)}{u(s)} = \frac{1}{Js^2 + \mu s + Mg\ell}$$

（3.19）

另外，本来机械臂的运动方程如式（3.5）所示，是含有 $\sin y(t)$ 的非线性方程。传递函数是用来表达线性系统的，因此在推导传递函数模型的时候必须使用线性近似的运动方程。

3.2.2   RCL 电路和放大电路的传递函数模型

接下来推导 RCL 电路和放大电路的传递函数模型。

对于 RCL 电路，对式（3.8）进行拉普拉斯变换，得到 $CLs^2 y(s) + CRsy(s) + y(s) = u(s)$ ，于是有

$$\mathcal{P}(s) = \frac{y(s)}{u(s)} = \frac{1}{CLs^2 + CRs + 1}$$

（3.20）

同样地，对于放大电路，由式（3.10）可以得到 $R_1 R_2 Csy(s) + R_1 y(s) = -R_2\, u(s)$ ，并得出下面的传递函数：

$$\mathcal{P}(s) = \frac{y(s)}{u(s)} = -\frac{R_2}{R_1 R_2 Cs + R_1}$$

（3.21）

3.2.3 用 Python 表述模型

可以使用 Python 中的函数 tf(num, den) 来表达传递函数。例如想表达下述传递函数的时候：

$$\mathcal{P}(s) = \frac{1}{s^2 + 2s + 3} \tag{3.22}$$

可以使用下述代码：

```
Np = [0, 1] # 传递函数的分子多项式的系数(0*s + 1)
Dp = [1, 2, 3] # 传递函数的分母多项式的系数(1*s^2 + 2*s + 3)
P = tf(Np, Dp)
print(P)
```

执行结果为：

```
      1
---------------
s^2 + 2 s + 3
```

或者也可以使用下述代码达到同样的目的：

```
P = tf([0, 1], [1, 2, 3])
```

（1）请用 Python 表达下面的传递函数：

$$\mathcal{P}(s) = \frac{s+2}{s^3 + 5s^2 + 3s + 4} \tag{3.23}$$

● **参考答案**

```
P = tf([1, 2], [1, 5, 3, 4])
```

（2）请用 Python 表达下面的传递函数：

$$\mathcal{P}(s) = \frac{s+3}{(s+1)(s+2)^2} \tag{3.24}$$

● **参考答案**

可以将其展开[⊖]为下式：

$$\mathcal{P}(s) = \frac{s+3}{s^3 + 5s^2 + 8s + 4} \tag{3.25}$$

并使用下述代码：

```
P = tf([1, 3], [1, 5, 8, 4])
```

不过也可以直接使用下述代码：

```
P1 = tf([1, 3], [0, 1]) # (s+3)/1
P2 = tf([0, 1], [1, 1]) # 1/(s+1)
P3 = tf([0, 1], [1, 2]) # 1/(s+2)
P = P1 * P2 * P3**2
```

如果需要获取传递函数的分子多项式和分母多项式的系数，可以使用 P.num 和 P.den 这样的方法。

```
print(P.num)
print(P.den)
```

在练习题（2）的例子中，我们得到的结果为：

```
[[array([1., 3.])]]
[[array([1., 5., 8., 4.])]]
```

不过，由于这种表示方法使用了列表嵌套，存在难以与其他程序共用的问题，因此，像下面这样使用 tfdata，以 [[numP]] 和 [[denP]] 的形式取得返回值，就可以直接得到我们想要的元素了。

```
[[numP]], [[denP]] = tfdata(P)
print(numP)
print(denP)
```

```
[1. 3.]
[1. 5. 8. 4.]
```

⊖ 可以手工计算展开式，也可以在 Python 中通过 import sympy as sp 导入 sympy 模块，执行 s = sp.Symbol('s') 和 sp.expand((s+1)*(s+2)**2, s)，来得到展开式。

3.3 状态空间模型

状态空间模型通过矩阵的形式将多元高阶微分方程表示成一阶微分方程的形式。

传递函数模型表达的是输入和输出的关系，而状态空间模型表达的是输入→状态→输出的关系，可以自由地选择状态。

此外，也可以处理初始值不为 0 的情况。

可以将式（3.1）用下述状态空间模型来表示：

$$\mathcal{P}:\begin{cases} \dot{x}(t) &= Ax(t) + Bu(t) \\ y(t) &= Cx(t) + Du(t) \end{cases} \qquad (3.26)$$

这里的 $\boldsymbol{x}$ 为状态，$\boldsymbol{u}$ 为输入，$\boldsymbol{y}$ 为输出，$\boldsymbol{A}$、$\boldsymbol{B}$、$\boldsymbol{C}$、$\boldsymbol{D}$ 为常数矩阵。比如，当 $\boldsymbol{x}$ 为含有 n 个元素的 n 维向量，$\boldsymbol{u}$ 为 m 维向量的时候，$\boldsymbol{A}$ 就是 $n \times n$ 的矩阵，$\boldsymbol{B}$ 就是 $n \times m$ 的矩阵。式（3.26）中，上面的公式称为**状态方程**，下面的公式称为**输出方程**。

传递函数考虑的是单输入单输出的情况，状态空间则可以表达 m 个输入 p 个输出的系统。不过本书只涉及单输入单输出的情况，记作：

$$\mathcal{P}: \begin{cases} \dot{\boldsymbol{x}}(t) &= \boldsymbol{A}\boldsymbol{x}(t) + \boldsymbol{B}u(t) \\ y(t) &= \boldsymbol{C}\boldsymbol{x}(t) + \boldsymbol{D}u(t) \end{cases} \tag{3.27}$$

这里的 $\boldsymbol{D}$ 是标量，本应记作 D，但本书统一记作 $\boldsymbol{D}$。顺带提一句，$\boldsymbol{D}u$ 称为**直接项**。

推导状态方程

在式（3.1）中，令 $p = \dfrac{\mathrm{d}}{\mathrm{d}t}$，则可以定义：

$$\begin{cases} A(p) = p^n + a_{n-1}p^{n-1} + \cdots + a_1 p + a_0 \\ B(p) = b_m p^m + b_{m-1} p^{m-1} + \cdots + b_1 p + b_0 \end{cases} \tag{3.28}$$

于是有 $A(p)y = B(p)u$。接下来定义一个新的变量 v，就可以将其分开写成：

$$A(p)v = u, \quad y = B(p)v \tag{3.29}$$

我们再定义 n 维向量 $\boldsymbol{x}$：

$$\boldsymbol{x} := \begin{bmatrix} x_1 \\ x_2 \\ \vdots \\ x_n \end{bmatrix} = \begin{bmatrix} v \\ pv \\ \vdots \\ p^{n-1}v \end{bmatrix} \tag{3.30}$$

则得到：

$$\dot{\boldsymbol{x}} = p\boldsymbol{x} = \begin{bmatrix} pv \\ p^2 v \\ \vdots \\ p^n v \end{bmatrix} = \begin{bmatrix} x_2 \\ x_3 \\ \vdots \\ -a_0 x_1 - a_1 x_2 - \cdots - a_{n-1} x_n + u \end{bmatrix} \tag{3.31}$$

另外有

$$y = b_0 v + b_1 pv + \cdots + b_m p^m v = b_0 x_1 + b_1 x_2 + \cdots + b_m x_{m+1} \qquad (3.32)$$

将上述式子用矩阵表示就可以了:

$$\begin{cases} \dot{x} = Ax + Bu \\ y = Cx \end{cases} \qquad (3.33)$$

这里的 A, B, C 分别为

$$A = \begin{bmatrix} 0 & 1 & 0 & \cdots & 0 \\ \vdots & \ddots & \ddots & \ddots & \vdots \\ \vdots & & \ddots & \ddots & 0 \\ 0 & \cdots & \cdots & 0 & 1 \\ -a_0 & -a_1 & \cdots & \cdots & -a_{n-1} \end{bmatrix}, \quad B = \begin{bmatrix} 0 \\ 0 \\ \vdots \\ 0 \\ 0 \\ 1 \end{bmatrix}, \qquad (3.34)$$

$$C = [b_0 \quad \cdots \quad b_m \quad 0 \quad \cdots \quad 0] \qquad (3.35)$$

以上是 $m < n$ 的情况。若 $m = n$,则需要加上直接项 Du。

3.3.1　手推车和机械臂的状态空间模型

首先推导手推车和机械臂的状态空间模型。

手推车的运动方程是 $M\ddot{z}(t) + \mu\dot{z}(t) = f(t)$。设

$$x(t) = \begin{bmatrix} z(t) \\ \dot{z}(t) \end{bmatrix}, \quad u(t) = f(t), \quad y(t) = z(t) \qquad (3.36)$$

则状态方程为

$$\dot{x}(t) = \begin{bmatrix} \dot{z}(t) \\ \ddot{z}(t) \end{bmatrix} = \begin{bmatrix} \dot{z}(t) \\ -\dfrac{\mu}{M}\dot{z}(t) + \dfrac{1}{M}u(t) \end{bmatrix} \qquad (3.37)$$

$$= \begin{bmatrix} 0 & 1 \\ 0 & -\dfrac{\mu}{M} \end{bmatrix} \begin{bmatrix} z(t) \\ \dot{z}(t) \end{bmatrix} + \begin{bmatrix} 0 \\ \dfrac{1}{M} \end{bmatrix} u(t) \qquad (3.38)$$

$$= \begin{bmatrix} 0 & 1 \\ 0 & -\dfrac{\mu}{M} \end{bmatrix} x(t) + \begin{bmatrix} 0 \\ \dfrac{1}{M} \end{bmatrix} u(t) \qquad (3.39)$$

输出方程为

$$y(t) = z(t) = [1 \quad 0] \begin{bmatrix} z(t) \\ \dot{z}(t) \end{bmatrix} = [1 \quad 0] \boldsymbol{x}(t) \tag{3.40}$$

即 A, B, C, D 分别为

$$A = \begin{bmatrix} 0 & 1 \\ 0 & -\dfrac{\mu}{M} \end{bmatrix}, \quad B = \begin{bmatrix} 0 \\ \dfrac{1}{M} \end{bmatrix}, \quad C = [1 \quad 0], \quad D = 0 \tag{3.41}$$

机械臂的运动方程为式（3.6）。设

$$\boldsymbol{x}(t) = \begin{bmatrix} \theta(t) \\ \dot{\theta}(t) \end{bmatrix}, \quad u(t) = \tau(t), \quad y(t) = \theta(t) \tag{3.42}$$

则状态方程为

$$\dot{\boldsymbol{x}}(t) = \begin{bmatrix} \dot{\theta}(t) \\ \ddot{\theta}(t) \end{bmatrix} = \begin{bmatrix} 0 & 1 \\ -\dfrac{Mg\ell}{J} & -\dfrac{\mu}{J} \end{bmatrix} \boldsymbol{x}(t) + \begin{bmatrix} 0 \\ \dfrac{1}{J} \end{bmatrix} u(t) \tag{3.43}$$

输出方程为

$$y(t) = \theta(t) = [1 \quad 0] \begin{bmatrix} \theta(t) \\ \dot{\theta}(t) \end{bmatrix} = [1 \quad 0] \boldsymbol{x}(t) \tag{3.44}$$

即 A, B, C, D 分别为

$$A = \begin{bmatrix} 0 & 1 \\ -\dfrac{Mg\ell}{J} & -\dfrac{\mu}{J} \end{bmatrix}, \quad B = \begin{bmatrix} 0 \\ \dfrac{1}{J} \end{bmatrix}, \quad C = [1 \quad 0], \quad D = 0 \tag{3.45}$$

3.3.2 RCL 电路和放大电路的状态空间模型

接下来让我们来推导 RCL 电路和放大电路的状态空间模型。

RCL 电路的电路方程为式（3.9）。设

$$\boldsymbol{x}(t) = \begin{bmatrix} \displaystyle\int i(\tau)\mathrm{d}\tau \\ i(t) \end{bmatrix}, \quad u(t) = v_{\text{in}}, \quad y(t) = \dfrac{1}{C} \int i(\tau)\mathrm{d}\tau \tag{3.46}$$

则状态方程为

$$\dot{\boldsymbol{x}}(t) = \begin{bmatrix} 0 & 1 \\ -\dfrac{1}{LC} & -\dfrac{R}{L} \end{bmatrix} \boldsymbol{x}(t) + \begin{bmatrix} 0 \\ \dfrac{1}{L} \end{bmatrix} u(t) \tag{3.47}$$

而输出方程为

$$y(t) = \begin{bmatrix} \dfrac{1}{C} & 0 \end{bmatrix} x(t) \qquad (3.48)$$

即 *A*, *B*, *C*, *D* 分别为

$$A = \begin{bmatrix} 0 & 1 \\ -\dfrac{1}{LC} & -\dfrac{R}{L} \end{bmatrix}, \quad B = \begin{bmatrix} 0 \\ \dfrac{1}{L} \end{bmatrix}, \quad C = \begin{bmatrix} \dfrac{1}{C} & 0 \end{bmatrix}, \quad D = 0 \qquad (3.49)$$

放大电路的电路方程为

$$\frac{v_{in}(t)}{R_1} + \frac{v_{out}(t)}{R_2} + C\dot{v}_{out}(t) = 0 \qquad (3.50)$$

设 $x(t) = v_{out}(t)$, $u(t) = v_{in}(t)$, $y(t) = v_{out}(t)$，则可得到状态方程：

$$\dot{x}(t) = -\frac{1}{CR_2}x(t) - \frac{1}{CR_1}u(t) \qquad (3.51)$$

输出方程为 $y(t) = x(t)$。因此，$A = -\dfrac{1}{CR_2}$，$B = -\dfrac{1}{CR_1}$，$C = 1$，$D = 0$。

3.3.3 用 Python 表述模型

在 Python 中可以使用函数 ss(A, B, C, D) 来表述状态空间模型。由于 *A*、*B*、*C*、*D* 矩阵属于 array 格式，所以需要用像 A = [[0, 1], [-1, -1]] 这样的方式来表述。但是，如果使用 ss，则可以直接使用下述方法：

```
A = '0 1; -1 -1'
B = '0; 1'
C = '1 0'
D = '0'
P = ss(A, B, C, D)
print(P)
```

```
A = [[ 0  1]
 [-1 -1]]

B = [[0]
 [1]]

C = [[1 0]]

D = [[0]]
```

请用 Python 表述下述状态空间模型。

$$\mathcal{P}: \begin{cases} \dot{\boldsymbol{x}}(t) = \begin{bmatrix} 1 & 1 & 2 \\ 2 & 1 & 1 \\ 3 & 4 & 5 \end{bmatrix} \boldsymbol{x}(t) + \begin{bmatrix} 2 \\ 0 \\ 1 \end{bmatrix} u(t) \\ y(t) = \begin{bmatrix} 1 & 1 & 0 \end{bmatrix} \boldsymbol{x}(t) + u(t) \end{cases} \tag{3.52}$$

● **参考答案**

```
A = '1 1 2; 2 1 1; 3 4 5'
B = '2; 0; 1'
C = '1 1 0'
D = '0'
P = ss(A, B, C, D)
```

如果需要取得状态空间模型的 **A**、**B**、**C**、**D** 矩阵，那么可以使用下述方法：

```
print('A=', P.A)
print('B=', P.B)
print('C=', P.C)
print('D=', P.D)
```

```
A= [[1 1 2]
 [2 1 1]
 [3 4 5]]
B= [[2]
 [0]
 [1]]
C= [[1 1 0]]
D= [[0]]
```

使用 ssdata，同样可以得到 **A**、**B**、**C**、**D** 矩阵。

```
sysA, sysB, sysC, sysD = ssdata(P)
```

3.4 框图

在控制工程中，系统可以用**框图**来表示。**图 3.7** 用框图显示了一个输入为 u，输出为 y 的系统 $\mathcal{S}$（$y = \mathcal{S}u$）。方块表示系统，箭头表示信号。箭头的方向对应信号传输的方

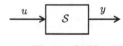

图 3.7　框图

向。通常箭头的方向为自左向右，不过也有自右向左的情况。

3.4.1 串联

如**图** 3.8 的框图所示，两个系统横向排成一列，左侧系统的输出成为右侧系统的输入。这种连接方法称为**串联**。比如，将 $y = \mathcal{S}_1 u$ 与 $z = \mathcal{S}_2 y$ 串联后就得到 $z = \mathcal{S}_2 \cdot \mathcal{S}_1 u$。整个系统可以表示成：

$$S = \mathcal{S}_2 \cdot \mathcal{S}_1 \tag{3.53}$$

如果 $\mathcal{S}_1$ 和 $\mathcal{S}_2$ 都是单输入单输出的线性系统，那就可以交换顺序写成：

$$S = \mathcal{S}_1 \cdot \mathcal{S}_2 \tag{3.54}$$

但是，如果 $\mathcal{S}_1$ 和 $\mathcal{S}_2$ 是非线性系统或者是多输入多输出的系统，就不能交换顺序。

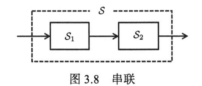

图 3.8　串联

可以像下面那样使用 Python 求取系统串联的结果模型：

```
S1 = tf( [0, 1], [1, 1])
S2 = tf( [1, 1], [1, 1, 1])
S = S2 * S1
print('S=', S)
S = series(S1, S2)
print('S=', S)
```

如上面的例子所示，可以简单地使用乘法来求取，也可以使用 series 函数。即可以像 series(S1, S2) 这样，将需要连接的模型作为参数。

3.4.2 并联

如**图** 3.9 的框图所示，将两个系统并排，使用同一个输入，并将各自的输出结合在一起，这种连接方法称为**并联**。黑色圆点为分支点，这表示原始信号和提取的信号为同一信号。白色圆圈是求和点，表示将两个信号叠加在一起。这里，将 $y_1 = \mathcal{S}_1 u$ 与 $y_2 = \mathcal{S}_2 u$ 并联，就相当于将 y_1 和 y_2 加在一起，结果就是 $y = y_1 + y_2 = \mathcal{S}_1 u + \mathcal{S}_2 u = (\mathcal{S}_1 + \mathcal{S}_2) u$。因此，整个系统可以表示成：

$$S = S_1 + S_2 \tag{3.55}$$

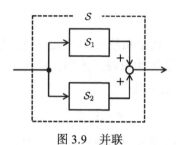

图 3.9　并联

在 Python 中可以使用 parallel 函数求取系统并联的结果模型。即可以像 parallel(S1, S2) 这样，将需要连接的模型作为参数。

```
S = S1 + S2
print('S=', S)
S = parallel(S1, S2)
print('S=', S)
```

3.4.3　反馈

如**图 3.10** 的框图所示，将两个系统并排，两者的输出同时成为对方的输入，这种连接方法称为**反馈**。在图 3.10 所示的例子中：

$$y = S_1 u = S_1(r - z) = S_1(r - S_2 y) = S_1 r - S_1 S_2 y \tag{3.56}$$

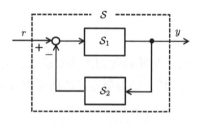

图 3.10　反馈框图

将上式右边的 y 项移到左边，得到：

$$(1 + S_1 S_2)y = S_1 r \tag{3.57}$$

随之可以得到：

$$y = \frac{S_1}{1 + S_1 S_2} r \tag{3.58}$$

因此，整个系统（$y = Sr$ 中的 S）可以写成：

$$S = \frac{S_1}{1 + S_1 S_2} \qquad (3.59)$$

系统 S 可以像下面这样直接计算，也可以使用 feedback 函数来求取。像 feedback(S1,S2) 这样，可以将系统 S_1 和 S_2 进行反馈连接。

```
S = S1 / (1 + S1*S2)
print('S=', S)
S = feedback(S1, S2)
print('S=', S)
```

```
S=
    s^4 + 3 s^3 + 4 s^2 + 3 s + 1
----------------------------------------------
s^6 + 4 s^5 + 9 s^4 + 13 s^3 + 12 s^2 + 7 s + 2

S=
      s + 1
---------------------
s^3 + 2 s^2 + 3 s + 2
```

需要注意的是，当分母多项式和分子多项式之间存在公因子时，本来可以通过约分得到更加简洁的传递函数（不可约传递函数），但是 Python 并不会自动进行约分。如果需要约分，可以使用 minreal（**最小实现**）函数。

```
print('S=', S.minreal())
```

```
S=
      1
-----------
s^2 + s + 2
```

像**图** 3.11 这样的框图，整个系统可以表述成：

$$S = \frac{S_1 S_2}{1 + S_1 S_2} \qquad (3.60)$$

这里可以理解成 $S_1 S_2$ 连接了一个为 1 的反馈，所以可以用 S = feedback (S1*S2, 1) 来表述[⊖]。另外，feedback 通常使用负反馈。如果要用到**正反馈**（图 3.11 中的求和点为加号时），可以像 feedback(S1*S2, 1, sign=1) 这样，在最后

⊖　像本例中那样使用 1 来进行反馈时，可以简单地写成 feedback(S1*S2)。

加上 sign=1 作为参数。

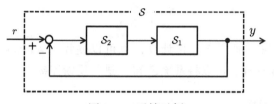

图 3.11   反馈示例

试求出**图 3.12** 的框图所表示的系统 $\mathcal{S}$。其中：

$$\mathcal{S}_1(s) = \frac{1}{s+1}, \ \mathcal{S}_2(s) = \frac{1}{s+2}$$

$$\mathcal{S}_3(s) = \frac{3s+1}{s}, \ \mathcal{S}_4(s) = 2s$$

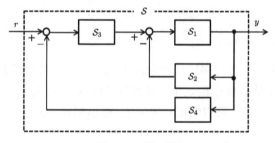

图 3.12   练习题

● **参考答案**

```
S1 = tf(1, [1, 1])
S2 = tf(1, [1, 2])
S3 = tf([3, 1], [1, 0])
S4 = tf([2, 0], [0, 1])
S12 = feedback(S1, S2)
S123 = series(S12, S3)
S = feedback(S123, S4)
print('S=', S)
```

实现问题

如图 3.6 所示，可以将微分方程转换成传递函数模型和状态空间模型。这里将介绍这两种模型之间的关系。

首先，从状态空间模型到传递函数模型的转换是唯一的。实际上，从状态空间模型（A, B, C）只能求得唯一一个传递函数模型：

$$\mathcal{P}(s) = C(sI - A)^{-1}B \qquad (3.61)$$

但是，从传递函数模型到状态空间模型的转换却数不胜数。这是因为状态空间模型的状态可以任意选取，所以人们经常使用**可控规范型**和**可观测规范型**来实现。

在 Python 中，可以通过函数 tf 和 ss2tf 将状态空间模型转换为传递函数模型。反过来，可以使用函数 ss 和 tf2ss 将传递函数模型转换为状态空间模型。

```
P = tf( [0, 1], [1, 1, 1])

Pss = tf2ss(P) # 由传递函数模型转换为状态空间模型
print(Pss)
Ptf = ss2tf(Pss) # 由状态空间模型转换为传递函数模型
print(Ptf)
```

```
A = [[ 0. -1.]
 [ 1. -1.]]

B = [[-1.]
 [ 0.]]

C = [[ 0. -1.]]
```

○ 将状态方程 $\dot{x} = Ax + Bu$ 的两边以初始值为 0 进行拉普拉斯变换，得到 $sx(s) = Ax(s) + Bu(s)$。整理之后得到 $(sI - A)x(s) = Bu(s)$，以及 $x(s) = (sI - A)^{-1}Bu(s)$。另外，由于 $y(s) = Cx(s)$，以及 $\mathcal{P}(s) = \dfrac{y(s)}{u(s)}$，可以得到式（3.61）。

```
D = [[0.]]

      1
  -----------
  s^2 + s + 1
```

但是，从传递函数模型到状态空间模型的转换，可能会得到与可控规范型及可观测规范型不同的模型。如果需要转换成可控规范型或可观测规范型，那么可以使用 canonical_form 函数。

```
from control import canonical_form

A = '1 2 3; 3 2 1; 4 5 0'
B = '1; 0; 1'
C = '0 2 1'
D = '0'
Pss = ss(A, B, C, D)

Pr, T = canonical_form(Pss, form='reachable')
print(Pr)
```

```
A = [[ 3. 21. 24.]
 [ 1.  0.  0.]
 [ 0.  1.  0.]]

B = [[1.]
 [0.]
 [0.]]

C = [[ 1. 9. 27.]]

D = [[0]]
```

像上面的 canonical_form(Pss, form='reachable') 这样，通过指定参数 form='reachable' 可以得到可控规范型[⊖]。

接下来，像下面这样，通过指定参数 form='observable'，可以得到可观测规范型。

```
Po, T = canonical_form(Pss, form='observable')
print(Po)
```

⊖ reachable 的意思是 "可达的"，与 "可控的"（controlable）的性质并不相同。但是，对于连续时间的线性系统，可达性与可控性是同一个意思，所以很多书籍都将其称为可控性，其规范型也叫作可控规范型。

```
A = [[ 3. 1. 0.]
 [21. 0. 1.]
 [24. 0. 0.]]

B = [[ 1.]
 [ 9.]
 [27.]]

C = [[1. 0. 0.]]

D = [[0]]
```

真分性

在传递函数模型中，当分母多项式的次数 n 大于分子多项式的次数 m（$n > m$）时，称为**严格真分**，当 $n \geq m$ 时称为**真分**，而当 $n < m$ 时称为**非真分**。例如，像 $y(t) = \dot{u}(t) + u(t)$ 这样，当前的输出 $y(t)$ 包含了未来的输入 $\dot{u}(t)$。因此，真分的系统在现实世界中可以实现，而非真分的系统在现实世界中则无法实现。另外，真分的系统可以用状态空间模型来表述，而非真分的系统则无法表述。

现在让我们考虑两个系统 S_1 和 S_2 的串联：

$$y = S_2 S_1 r \qquad (3.62)$$

设定目标为 $y = r$。假设我们选定系统 S_2 为

$$S_2(s) = \frac{1}{s+1} \qquad (3.63)$$

S_1 为

$$S_1(s) = s + 1 \qquad (3.64)$$

则得到 $y = r$。但是，由于 S_1 并不真分，因此无法在现实世界中实现。所以，为了达到 $y = r$ 的目的，不能像上面那样简单地使用串联的顺馈（前馈）系统，而是必须考虑使用反馈连接的反馈系统来设计真分的 S_1。

第3章　总结

我知道了，动态系统可以用传递函数模型和状态空间模型来表述！

那真是太好了。那么，请用传递函数来表述这个机器人的模型看看。

嗯……。好像还是做不到呀……

对实际的被控对象建模的时候，大多数都不像教科书里写的那么简单。把所有的要素做成详细的模型是很不容易的。

这就是本章中提到的线性化？

对的。建模的方法是随着想表现的特征而变化的。有时候需要大刀阔斧地删除一些没有什么影响的要素。

另外，请记住建模的时候需要调查未知的参数的值。根据需要，可能要测量重量和长度，或是计算转动惯量。当存在从物理层面很难测量、计算的参数的时候，可以通过施加特定的输入来观察输出的变化，根据输入输出的关系来确定未知的参数。可以参考一些**系统识别**的书。

谢了。但是我急着想知道控制的方法，可以先学下去吗？

那你就用刚刚学到的模型来看看模型的特征吧。有很多东西要学，还请做好准备！

 小结

- 机械系统和电气系统的基本被控对象可以用微分方程来表述。
- 传递函数模型使用拉普拉斯变换将微分方程转换为代数方程来表述。
- 状态空间模型通过引入状态变量，使用基于向量的一阶微分方程来表述。
- 系统可以通过框图来进行图示。

CHAPTER 4

第 4 章

被控对象的行为

话说回来，被控对象的特征具体指的是什么？应该怎么来研究它呢？

说到这个，姐姐你之前去看出租屋的时候，用手敲了墙壁对吧？那是为什么？

 哪有什么为什么，只是在确认墙壁的厚度罢了。

这就是答案。如果把墙壁当作被控对象，那么敲打墙壁的动作就相当于对被控对象施加输入，听声音的行为就相当于观察被控对象的输出。也就是说，施加输入以观察输出，从结果来理解被控对象的特征。在这个例子中，声音会随着墙壁的厚薄而改变，特征就是墙壁的厚度。

 原来如此。

顺便说一句，咚咚敲墙是所谓的冲激输入，实际应用中多数是向被控对象施加阶跃输入。例如，将电动机通过开关与电池相连，啪嚓一声接通开关，这就是一种阶跃输入哦。

 开关接通后，电动机就旋转了呢。这动作就是输出的行为特征吧。通过观察它的动作就可以理解其特性了呢。原来如此，原来如此。

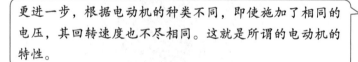

更进一步，根据电动机的种类不同，即使施加了相同的电压，其回转速度也不尽相同。这就是所谓的电动机的特性。

 还有别的吗？

可以通过施加正弦波的输入来研究其频率特性。百闻不如一见，接下来就请你自己读一读本章内容吧。

自本章开始，在绘图的时候，会随时使用代码段 4.1 至 4.3 的几个函数。请在你使用的 Python 环境（Jupyter Notebook）中预先定义好这几个函数。

代码段 4.1　绘图时确定线型的生成器

```python
def linestyle_generator():
    linestyle = ['-', '--', '-.', ':']
    lineID = 0
    while True:
        yield linestyle[lineID]
        lineID = (lineID + 1) % len(linestyle)
```

代码段 4.2　完善绘图的函数

```python
def plot_set(fig_ax, *args):
    fig_ax.set_xlabel(args[0]) # 通过参数 1 设置 x 轴的标签
    fig_ax.set_ylabel(args[1]) # 通过参数 2 设置 y 轴的标签
    fig_ax.grid(ls=':')
    if len(args)==3:
        fig_ax.legend(loc=args[2]) # 通过参数 3 设置图例的位置
```

代码段 4.3　完善伯德图的函数

```python
def bodeplot_set(fig_ax, *args):
    # 设置幅频图的网格和 y 轴的标签
    fig_ax[0].grid(which="both", ls=':')
    fig_ax[0].set_ylabel('Gain [dB]') # 本文中的图表示为“幅值 [dB]”
    # 设置相频图的网格和 x 轴、y 轴的标签
    fig_ax[1].grid(which="both", ls=':')
    fig_ax[1].set_xlabel('$\omega$ [rad/s]')
    fig_ax[1].set_ylabel('Phase [deg]') # 本文中的图表示为“相位 [deg]”
    # 显示图例
    if len(args) > 0:
        fig_ax[1].legend(loc=args[0]) # 参数的个数大于等于1：显示幅频图
    if len(args) > 1:
        fig_ax[0].legend(loc=args[1]) # 参数的个数大于等于2：同时显示相频图
```

4.1　时域响应

我们选取具有代表性的一阶滞后系统和二阶滞后系统作为研究对象。然后我们看一下**阶跃响应**，即施加阶跃状输入（**阶跃输入**）的时候，系统输出的行为特

征[⊖]。阶跃响应的概念如**图 4.1** 所示。这对应了一些研究，比方说，接通电动机的开关时手推车将如何运动。

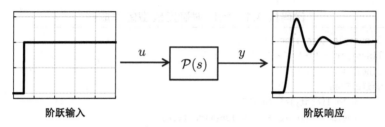

图 4.1　阶跃输入和阶跃响应的概念图

在 Python 中可以使用 step 函数来计算阶跃响应。

```
y, t = step(sys, Td)
```

参数由 sys 和 Td 组成。sys 表示传递函数模型或者状态空间模型，Td 表示仿真时间。Td 使用如 np.arrange(0, 5, 0.01) 的格式。step 的返回值为 y 和 t。y 为模型的输出响应，t 为时间。

4.1.1　一阶滞后系统

式（3.18）表示的手推车系统的传递函数模型如下所示：

$$\mathcal{P}(s) = \frac{1}{Ms+\mu} = \frac{\dfrac{1}{\mu}}{1+\dfrac{M}{\mu}s} \tag{4.1}$$

令 $K = \dfrac{1}{\mu}$，$T = \dfrac{M}{\mu}$，我们可以将其表示为如下形式（式（3.21）的放大电路的传递函数模型也可以写成同样的形式）：

$$\mathcal{P}(s) = \frac{K}{1+Ts} \tag{4.2}$$

可以写成上述形式的系统称为**一阶滞后系统**。一阶滞后系统的 K 称为**增益**，T 称为**时间常数**。时间常数是决定系统响应速度（**快速性**）的重要参数。
在式（4.2）中，设 $T=0.5$，$K=1$，可以通过执行下面的**代码段 4.4** 来获取此

⊖　对于实际的被控对象，存在高阶滞后系统。但是由于其常常近似于一阶滞后系统和二阶滞后系统，因此理解一阶滞后系统和二阶滞后系统的特征十分重要。

时的阶跃响应，得到的结果如**图** 4.2 所示。即，值从初始值 0 开始逐渐增大，经过大约 3 秒后达到 1.0。图中的圆点为 $t = T = 0.5$ 时的点，此时的 $y = 0.632$。实际上，时间常数 T 代表的就是当输出达到稳定值（经过足够长的时间后的值）的 63.2% 时所需的时间。

代码段 4.4　一阶滞后系统的阶跃响应

```
from control.matlab import *
import matplotlib.pyplot as plt
import numpy as np

T, K = 0.5, 1 # 设置时间常数和增益
P = tf([0, K], [T, 1]) # 一阶滞后系统
y, t = step(P, np.arange(0, 5, 0.01)) # 阶跃响应

fig, ax = plt.subplots()
ax.plot(t,y)
plot_set(ax, 't', 'y')
```

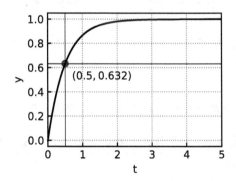

图 4.2　一阶滞后系统的阶跃响应

让我们来看看当改变时间常数 T 时，系统的响应会如何变化。因为时间常数指的是达到稳定值的 63.2% 时所需的时间，所以我们可以预计，当减小 T 时响应就会变快，反过来，当增大 T 时响应就会变慢。

执行下面的**代码段** 4.5，可以得到**图** 4.3。

代码段 4.5　一阶滞后系统的阶跃响应（改变 T 值）

```
fig, ax = plt.subplots()
LS = linestyle_generator()

K = 1
```

```
T = (1, 0.5, 0.1)
for i in range(len(T)):
    y, t = step(tf([0, K], [T[i], 1]), np.arange(0, 5, 0.01))
    ax.plot(t, y, ls = next(LS), label='T='+str(T[i]))

plot_set(ax, 't', 'y', 'best')
```

如图 4.3 所示,我们可以看到减小 T 会使得响应变快。

那么,将 T 设为负值会发生什么呢?**图 4.4** 显示了 $T = -1$ 时的图形。当 T 设为负值时响应会发散,不会收敛到稳定值。

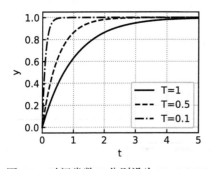

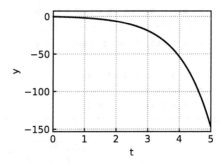

图 4.3　时间常数 T 分别设为 $T = 1, 0.5, 0.1$　　　图 4.4　$T = -1$ 时的阶跃响应
　　　　时的阶跃响应

接下来让我们改变 K 值看看(见**代码段 4.6** 和**图 4.5**)。

代码段 4.6　一阶滞后系统的阶跃响应(改变 K 值)

```
LS = linestyle_generator()
fig, ax = plt.subplots()

T = 0.5
K = [1, 2, 3]
for i in range(len(K)):
    y, t = step(tf([0, K[i]], [T, 1]), np.arange(0, 5, 0.01))
    ax.plot(t,y,ls=next(LS), label='K='+str(K[i]))

plot_set(ax, 't', 'y', 'upper left')
```

当增大 K 值时,y 的稳定值发生了变化。我们还可以看到稳定值为 $y(\infty) = K$,即增益 K 的值。

让我们把上述结果与手推车的情景结合起来考虑。首先,让我们考虑电动机安装在车轮上的情况。此时，当我们往电动机上施加一定的电压时，手推车就开始运动，最终会以一定的速度（匀速直线运动）持续运动下去。图 4.3 就显示了这种情况。手推车的质量越小就越容易启动，对应着 $T = \dfrac{M}{\mu}$ 的值变小。另外，黏性摩擦越小，到达稳定速度所需的时间就越长，最终的速度也越大（如图 4.5 所示）。这是因为其对应了 $T = \dfrac{M}{\mu}$ 变大以及 $K = \dfrac{1}{\mu}$ 变大。

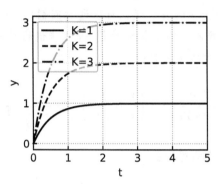

图 4.5　增益 K 分别设为 $K = 1, 2, 3$ 时的阶跃响应

计算一阶滞后系统的时域响应

- -

被控对象 $\mathcal{P}(s)$ 的输出 $y(s)$ 可以表示成 $y(s) = \mathcal{P}(s)u(s)$。在阶跃输入的情况下，由于 $u(s) = \dfrac{1}{s}$，输出就是 $y(s) = \dfrac{\mathcal{P}(s)}{s}$。因此，若是要获取时域响应 $y(t)$，只需要对 $y(s)$ 进行逆拉普

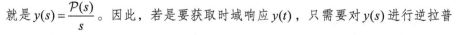

拉斯变换就可以了。只需要计算下面的公式：

$$y(t) = \mathcal{L}^{-1}[y(s)] = \mathcal{L}^{-1}\left[\mathcal{P}(s)\frac{1}{s}\right] \qquad (4.3)$$

其逆拉普拉斯变换为：

$$f(t) = \mathcal{L}^{-1}[f(s)] = \frac{1}{2\pi j}\int_{c-j\infty}^{c+j\infty} f(s)e^{st}ds \ (t > 0) \qquad (4.4)$$

然而并没有必要进行上述计算。我们可以通过回忆已经学过的基本函数的拉普拉斯变换（可以参照附录的拉普拉斯变换表）来进行逆变换。

一阶滞后系统的阶跃响应为：

$$y(s) = \frac{K}{1+Ts}\frac{1}{s} = K\left(\frac{1}{s} - \frac{T}{1+Ts}\right) = K\left(\frac{1}{s} - \frac{1}{s+\frac{1}{T}}\right) \qquad (4.5)$$

将其进行逆拉普拉斯变换得到：

$$y(t) = K\left(1 - e^{-\frac{1}{T}t}\right) \qquad (4.6)$$

当 $y(0) = 0$，以及 $T > 0$ 时，$y(\infty) = K$。然后由于 $y(T) = 1 - e^{-1} = 0.632$，可以得知它绘成的图形如图 4.2 所示。另外拉普拉斯变换有一个性质（**终值定理**）：

$$y(\infty) = \lim_{t\to\infty} y(t) = \lim_{s\to 0} sy(s) \qquad (4.7)$$

利用上述定理我们可以得到：

$$y(\infty) = \lim_{s\to 0} s\mathcal{P}(s)u(s) = \lim_{s\to 0} s\mathcal{P}(s)\frac{1}{s} = P(0) = K \qquad (4.8)$$

式（4.5）中的部分分式分解在 Python 中可以使用如下的代数式处理来求得。

```python
import sympy as sp
sp.init_printing()
s = sp.Symbol('s')
T = sp.Symbol('T', real=True)
P = 1/((1+T*s)*s)
sp.apart(P, s)
```

此外，逆拉普拉斯变换可以使用 **Sympy** 来计算。

```python
import sympy as sp
sp.init_printing()
```

```
s = sp.Symbol('s')
t = sp.Symbol('t', positive=True)
T = sp.Symbol('T', real=True)
sp.inverse_laplace_transform(1/s-1/(s+1/T), s, t)
```

4.1.2　二阶滞后系统

式（3.20）表示的 RCL 电路的传递函数模型为：

$$\mathcal{P}(s) = \frac{1}{CLs^2 + CRs + 1} = \frac{\dfrac{1}{CL}}{s^2 + \dfrac{R}{L}s + \dfrac{1}{CL}} \tag{4.9}$$

令：

$$K = 1,\ \omega_n = \sqrt{\frac{1}{CL}},\ \zeta = \frac{R}{2}\sqrt{\frac{C}{L}} = \frac{R}{2L\omega_n} \tag{4.10}$$

则可以表示成（式（3.19）的机械臂的传递函数模型也可以表示成相同的形式）：

$$\mathcal{P}(s) = \frac{K\omega_n^2}{s^2 + 2\zeta\omega_n s + \omega_n^2} \tag{4.11}$$

可以用上述形式来表现的系统称为**二阶滞后系统**。ζ 称为阻尼系数，ω_n 称为**无阻尼自然振荡频率**。

接下来让我们来看看二阶滞后系统的阶跃响应（通常假定 $K=1$）。

通过执行**代码段 4.7**，我们可以得到**图 4.6**。

代码段 4.7　二阶滞后系统的阶跃响应

```
zeta, omega_n = 0.4, 5 # 设置阻尼系数和无阻尼自然振荡频率
# 二阶滞后系统的阶跃响应
P = tf([0,omega_n**2], [1, 2*zeta*omega_n, omega_n**2])
y, t = step(P, np.arange(0,5,0.01))

fig, ax = plt.subplots()
ax.plot(t,y)
plot_set(ax, 't', 'y')
```

y 值从初始值 0 开始逐渐增大，在 $T_p = 0.685$ 秒处达到最大值 $y_{max} = 1.25$，随后收敛到 1。稳定值和最大值的差（在这里是 $1.25 - 1 = 0.25$）称为**过冲**。虽然在一阶滞后系统中并不发生过冲，但是过冲在二阶滞后系统中时有发生。

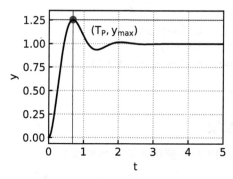

图 4.6   二阶滞后系统的阶跃响应

接下来，让我们使用 Python 来实际看一下当改变阻尼系数 ζ 时，系统的行为特征会发生怎样的变化（见代码段 4.8）。

代码段 4.8   二阶滞后系统的阶跃响应（改变 ζ）

```
LS = linestyle_generator()
fig, ax = plt.subplots()

zeta = [1, 0.7, 0.4]
omega_n = 5
for i in range(len(zeta)):
    P = tf([0, omega_n**2], [1, 2*zeta[i]*omega_n, omega_n**2])
    y, t = step(P, np.arange(0, 5, 0.01))

    pltargs = {'ls': next(LS)}
    pltargs['label'] = '$\zeta$='+str(zeta[i])
    ax.plot(t, y, **pltargs)

plot_set(ax, 't', 'y', 'best')
```

ζ 分别设为 $\zeta = 1, 0.7, 0.4$ 时的结果如**图 4.7** 所示。根据图中的结果可以看出，当 $\zeta = 1$ 时不发生过冲，但是当 $\zeta = 0.7, 0.4$ 时发生过冲。另外可以确认当 ζ 值越小，过冲就越大。

将 ζ 分别设为 $\zeta = 0.1, 0, -0.05$ 时的结果如**图 4.8** 所示。
从图 4.8 中可以看出，当 $\zeta = 0.1$ 时，系统产生振荡但是收敛于 1.0；当 $\zeta = 0$ 时，系统持续振荡并且不收敛于稳定值；当 $\zeta = -0.05$ 时，振荡的幅度缓慢增大，系统呈现发散状态。阻尼系数是确定**阻尼特性（稳定度）**的参数，当 ζ 为正值时，输出会收敛于稳定值，而当其为负值时则会发散。当 $0 < \zeta < 1$ 时，系统振荡而收敛；

$\zeta \geqslant 1$ 时系统不振荡而收敛。

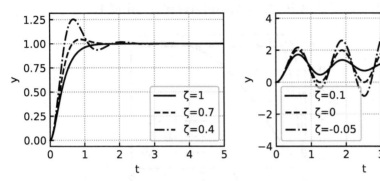

图 4.7 阻尼系数 ζ 分为设为 $\zeta = 1, 0.7, 0.4$
时的阶跃响应

图 4.8 阻尼系数 ζ 分为设为 $\zeta = 0.1, 0,$
-0.05 时的阶跃响应

接下来让我们改变无阻尼自然振荡频率 ω_n，取 $\omega_n = 1, 5, 10$。

执行**代码段 4.9** 后得到**图 4.9**。根据图 4.9 中的结果可以看到，当 ω_n 增大时，响应速度变快。过冲的大小并不发生改变。这就说明了无阻尼自然振荡频率 ω_n 类似于一阶滞后系统中的时间常数 T，是决定快速性的参数。

代码段 4.9   二阶滞后系统的阶跃响应（改变 ω_n）

```
LS = linestyle_generator()
fig, ax = plt.subplots()

zeta = 0.7
omega_n = [1, 5, 10]
for i in range(len(omega_n)):
    P = tf([0, omega_n[i]**2], [1, 2*zeta*omega_n[i], omega_n[i]**2])
    y, t = step(P, np.arange(0, 5, 0.01))

    pltargs = {'ls': next(LS)}
    pltargs['label'] = '$\omega_n$='+str(omega_n[i])
    ax.plot(t, y, **pltargs)

plot_set(ax, 't', 'y', 'best')
```

让我们把上面的结果对应到 RCL 电路的例子中。对 RCL 电路施加一定的电压后，电路中产生电流，电容中开始蓄积电荷。接下来电流缓慢减小并归零，最终电容两端的电压收敛于 1。

然而，当电路中存在线圈时，会向电流增大或减小的相反方向产生电动势

（电磁感应）。这一效应随着线圈电感的增大而增强。这一效应使得电容两端电压的增加速度减缓，并且使得电压在一定时间内暂时超过稳定值 1。

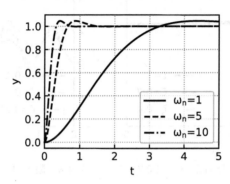

图 4.9　无阻尼自然振荡频率 ω_n 分为设为 $\omega_n = 1, 5, 10$ 时的阶跃响应

前者是：

$$\omega_n = \frac{1}{\sqrt{CL}}$$

L 越大 ω_n 就越小，对应缓慢的上升过程（如图 4.9 所示）。而后者为：

$$\zeta = \frac{R\sqrt{C}}{2\sqrt{L}}$$

L 越大 ζ 就越接近 0，对应振荡的响应过程（如图 4.7 所示）。

计算二阶滞后系统的时域响应

$\zeta = 1$ 时，二阶滞后系统的阶跃响应为：

$$y(s) = \frac{K\omega_n^2}{s^2 + 2\omega_n s + \omega_n^2} \frac{1}{s} = \frac{K\omega_n^2}{s(s + \omega_n)^2} \tag{4.12}$$

对其进行部分分式分解后得到：

$$y(s) = K\left(\frac{1}{s} - \frac{1}{s + \omega_n} - \frac{\omega_n}{(s + \omega_n)^2} \right) \tag{4.13}$$

对其进行逆拉普拉斯变换得到：

$$y(t) = K(1 - e^{-\omega_n t} - \omega_n t e^{-\omega_n t}) \tag{4.14}$$

据此我们可以看出 $y(0) = 0$ ， $y(\infty) = K$ 。由于 $y(t)$ 是以指数函数趋近于 K 的，因此当 $\zeta = 1$ 时不产生振荡（过冲）。此外，式（4.14）可以通过 Python 计算得到，如下所示。

```
import sympy as sp
sp.init_printing()
s = sp.Symbol('s')
t = sp.Symbol('t', positive = True)
w = sp.Symbol('w', real=True)
P = sp.apart(w**2/s/(s+w)**2, s)
sp.inverse_laplace_transform(P, s, t)
```

当 $\zeta \neq 1$ 时，我们可以得到下式：

$$y(s) = \frac{K\omega_n^2}{s^2 + 2\zeta\omega_n s + \omega_n^2} \times \frac{1}{s} = \frac{K\omega_n^2}{s(s-p_1)(s-p_2)} \tag{4.15}$$

这里的 $p_1, p_2 = (-\zeta \pm \sqrt{\zeta^2 - 1})\omega_n$ 。对上式进行部分分式分解后得到：

$$y(s) = \frac{K\omega_n^2}{p_1 p_2}\left(\frac{1}{s} + \frac{p_2}{(p_1 - p_2)(s - p_1)} - \frac{p_1}{(p_1 - p_2)(s - p_2)} \right) \tag{4.16}$$

对其进行逆拉普拉斯变换后得到：

$$y(t) = \frac{K\omega_n^2}{p_1 p_2}\left(1 + \frac{p_2}{p_1 - p_2}e^{p_1 t} - \frac{p_1}{p_1 - p_2}e^{p_2 t} \right) \tag{4.17}$$

也可以使用 Python 通过下面的方法求得：

```
p1= sp.Symbol('p1', real=True)
p2= sp.Symbol('p2', real=True)
P = sp.apart(w**2/(s*(s-p1)*(s-p2)), s)
sp.inverse_laplace_transform(P, s, t)
```

接下来，将 $p_1 p_2 = \omega_n^2$, $p_1 - p_2 = 2\omega_n\sqrt{\zeta^2 - 1}$ 代入后得到：

$$\begin{aligned}
y(t) &= K\left(1 + \frac{(-\zeta - \sqrt{\zeta^2-1})}{2\sqrt{\zeta^2-1}}e^{p_1 t} - \frac{(-\zeta + \sqrt{\zeta^2-1})}{2\sqrt{\zeta^2-1}}e^{p_2 t} \right) \\
&= K\left(1 - \frac{\zeta + \sqrt{\zeta^2-1}}{2\sqrt{\zeta^2-1}}e^{p_1 t} + \frac{\zeta - \sqrt{\zeta^2-1}}{2\sqrt{\zeta^2-1}}e^{p_2 t} \right)
\end{aligned} \tag{4.18}$$

当 $|\zeta|>1$ 时，$p_1, p_2 = (-\zeta \pm \sqrt{\zeta^2-1})\omega_n$ 为负的实数，于是可以看出 $y(t)$ 从 $y(0)=0$ 起以指数函数趋近于 $y(\infty)=K$（不发生过冲）。

当 $|\zeta|<1$ 时，$p_1, p_2 = -\zeta\omega_n \pm j\omega_n\sqrt{1-\zeta^2}$，根据欧拉公式（$e^{j\theta} = \cos\theta + j\sin\theta$），我们可以得到：

$$y(t) = K\left(1 - \frac{\zeta + j\sqrt{1-\zeta^2}}{2j\sqrt{1-\zeta^2}} e^{-\zeta\omega_n t}(\cos\bar{\omega}_n t + j\sin\bar{\omega}_n t) + \right.$$

$$\frac{\zeta - j\sqrt{1-\zeta^2}}{2j\sqrt{1-\zeta^2}} e^{-\zeta\omega_n t}(\cos\bar{\omega}_n t - j\sin\bar{\omega}_n t) \right) \qquad (4.19)$$

$$= K\left(1 - e^{-\zeta\omega_n t}\cos\bar{\omega}_n t - \frac{\zeta}{\sqrt{1-\zeta^2}} e^{-\zeta\omega_n t}\sin\bar{\omega}_n t \right)$$

这里的 $\bar{\omega}_n := \omega_n\sqrt{1-\zeta^2}$。

如上所述，当 $|\zeta|<1$ 时出现了 cos 和 sin，因此系统会产生振荡。

当 $0<\zeta<1$ 时，由于指数函数的部分随着时间的流逝收敛于 0，因此出现了振荡而收敛的情况。

可以通过对 y 的时间求导以得出 y 的最大值 y_{max}。对式（4.19）的时间求导可以得到：

$$\dot{y}(t) = \frac{K\omega_n}{\sqrt{1-\zeta^2}} e^{-\zeta\omega_n t}\sin\bar{\omega}_n t \qquad (4.20)$$

当 $T_P = t = \dfrac{\pi}{\bar{\omega}_n}$ 时有 $\dot{y} = 0$，此时 y 取到最大值。

$$T_P = \frac{\pi}{\omega_n\sqrt{1-\zeta^2}} \qquad (4.21)$$

此时 y 的最大值为：

$$y_{max} = y(T_P) = K(1 + e^{-\zeta\omega_n T_P}) \qquad (4.22)$$

过冲为 $y_{max} - y(\infty) = Ke^{-\zeta\omega_n T_P}$。

另外，将 y 取得最大值 y_{max} 的时间 T_P 称为**峰值时间**。

最后，当 $\zeta=0$ 时有：

$$y(t) = K(1 - \cos\omega_n t) \qquad (4.23)$$

由于不存在指数函数的因素，可以知道系统以 $2K$ 为振幅产生持续振荡。

試着求出下列传递函数的阶跃响应：

（1）

$$\mathcal{P}(s) = \frac{s+3}{(s+1)(s+2)} \tag{4.24}$$

（2）

$$\mathcal{P}(s) = \frac{1}{s^3 + 2s^2 + 2s + 1} \tag{4.25}$$

4.2　状态空间模型的时域响应

现在让我们来研究状态空间模型的时域响应。在传递函数模型中，相对于输入我们着重观察的是输出发生了怎样的变化。在状态空间模型中，我们还将看到初始值对输出的影响。让我们先来看一看当输入 $u = 0$ 时 $\dot{x}(t) = Ax(t)$ 的行为。

在 Python 中可以使用函数 initial 来求得系统对初始值的响应。

```
x, t = initial(sys, Td, X0)
```

参数为 sys、Td 和 X0。sys 和 Td 与 step 中所使用 sys 和 Td 的一致。X0 为初始状态，其数量与 sys 的状态数一致。例如，可以传递列表，如 X0 = [1, 2]。initial 的返回值为 x 和 t，x 为状态的响应，t 为时间。当需要查看各维度的 x 的元素时，可以使用像 x[:0]，x[:1] 这样的切片操作。

接下来考虑如下系统：

$$A = \begin{bmatrix} 0 & 1 \\ -4 & -5 \end{bmatrix}, B = \begin{bmatrix} 0 \\ 1 \end{bmatrix}, C = \begin{bmatrix} 1 & 0 \\ 0 & 1 \end{bmatrix}, D = \begin{bmatrix} 0 \\ 0 \end{bmatrix} \tag{4.26}$$

为了便于观察状态 x 的行为，将 C 设定为单位矩阵（即 $y = x$）。

代码段 4.10　状态空间模型的初始值响应

```
A = [[0, 1],[-4, -5]]
B = [[0], [1]]
C = np.eye(2) # 2x2 的单位矩阵
D = np.zeros([2, 1]) # 2x1 的零矩阵
P = ss(A, B, C, D)
```

```
Td = np.arange(0, 5, 0.01)
X0 = [-0.3, 0.4]
x, t = initial(P, Td, X0) # 初始值响应（零输入响应）

fig, ax = plt.subplots()
ax.plot(t, x[:,0], label = '$x_1$')
ax.plot(t, x[:,1], ls = '-.', label = '$x_2$')
plot_set(ax, 't', 'x', 'best')
```

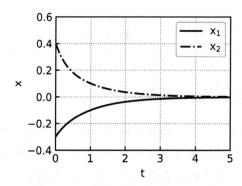

图 4.10　初始值响应（零输入响应）

因为状态 $x = [\, x_1 \; x_2\,]^T$ 是二维的，所以**图 4.10** 中出现了两条曲线。也就是说，从初始值 $x_1(0) = -0.3$ 和 $x_2(0) = 0.4$ 开始，最终两者都收敛于 0。对于图 3.3 中的垂直移动机械臂，一开始只有初始角度和初始角速度，在没有任何输入的情况下，受到黏性摩擦和重力的影响，最终将处于垂直向下的静止状态。也就是说，$x_1(t) \to 0$, $x_2(t) \to 0(t \to \infty)$。上面的例子正好解释了这种现象。

微分方程 $\dot{x}(t) = ax(t)$ 的解为：

$$x(t) = \mathrm{e}^{at}x(0) \qquad (4.27)$$

将 a 替换为矩阵 A 以后的状态方程 $\dot{x}(t) = Ax(t)$ 的解为：

$$x(t) = \mathrm{e}^{At}x(0) \qquad (4.28)$$

这里的 e^{At} 称为**矩阵指数函数（状态迁移矩阵）**⊖：

$$\mathrm{e}^{At} = I + At + \frac{A^2 t^2}{2!} + \frac{A^3 t^3}{3!} + \ldots = \mathcal{L}^{-1}[\,(sI - A)^{-1}\,] \qquad (4.29)$$

⊖　对 $\dot{x} = Ax$ 的两边同时进行拉普拉斯变换后得到 $sx(s) - x(0) = Ax(s)$。因此，由 $x(s) = (sI - A)^{-1}$ $x(0)$，我们得到 $x(t) = \mathcal{L}^{-1}[(sI - A)^{-1}]x(0)$，将其与式（4.28）比较后就可以得到式（4.29）。

这里的 *I* 为单位矩阵。如果能够计算出这个矩阵指数函数，那么就能够求得状态方程的行为特征。

可以通过对式（4.29）进行逆拉普拉斯变换来直接进行手工计算，也可以如下所示使用 Python 进行代数运算。

```python
import sympy as sp
import numpy as np
sp.init_printing()
s = sp.Symbol('s')
t = sp.Symbol('t', positive=True)

A = np.array([[0, 1],[-4, -5]])
# 矩阵指数函数的计算（使用逆拉普拉斯变换的方法）
G = s*sp.eye(2)-A
exp_At = sp.inverse_laplace_transform(sp.simplify(G.inv()), s, t)
```

当需要获取某特定时刻的矩阵指数函数值的时候，使用以下方法：

```python
import scipy
A = np.array([[0, 1],[-4, -5]])
t = 5
scipy.linalg.expm(A*t)
```

接下来让我们考虑存在输入的情况。使用下面的求解公式：

状态方程 $\dot{x}(t) = Ax(t) + Bu(t)$ 的解为：

$$x(t) = \mathrm{e}^{At}x(0) + \int_0^t \mathrm{e}^{A(t-\tau)}Bu(\tau)\mathrm{d}\tau \ (t \geq 0) \qquad (4.30)$$

式（4.30）中的第一项称为**零输入响应**，第二项称为**零初值响应**。

接下来让我们看一看初始值为 $x(0) = [0,0]^{\mathrm{T}}$，输入为 $u(t) = 1(t \geq 0)$（阶跃输入）时的响应（零初值响应）：

$$x(t) = \int_0^t \mathrm{e}^{A(t-\tau)}B\mathrm{d}\tau \qquad (4.31)$$

使用 step 函数（见**代码段 4.11**）时，结果如**图 4.11** 所示。

代码段 4.11　状态空间模型的零初值响应

```python
Td = np.arange(0, 5, 0.01)
x, t = step(P, Td) # 阶跃响应（零初值响应）

fig, ax = plt.subplots()
```

```
ax.plot(t, x[:,0], label = '$x_1$')
ax.plot(t, x[:,1], ls = '-.', label = '$x_2$')
plot_set(ax, 't', 'x', 'best')
```

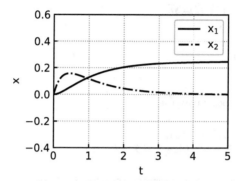

图 4.11　阶跃响应（零初值响应）

可以使用函数 lsim 来确认式（4.30）的时域响应。这会得到将之前已经求得的初始值响应（零输入响应）和零初值响应相加的结果。

```
x, t, x0 = lsim(sys, Ud, Td, X0)
```

参数为 sys、Ud、Td 和 X0。sys、Td 和 X0 与 initial 所使用的参数相同。Ud 为输入信号。

例如，假设 Td=np.arange(0, 5, 0.01)，则设 Ud = 1*(Td>0) 就可以得到阶跃输入。lsim 的返回值为 x、t 和 x0。x 为状态的响应，t 为时间，x0 为初始状态。

具体来看，执行**代码段 4.12** 后得到的结果如**图 4.12** 所示。在代码段 4.12 中，对于我们不关心的返回值，可以使用下划线将其无视掉。

代码段 4.12　状态空间模型的时域响应

```
Td = np.arange(0, 5, 0.01)
Ud = 1*(Td>0)
X0 = [-0.3, 0.4]

xst, t = step(P, Td) # 零初值响应
xin, _ = initial(P, Td, X0) # 零输入响应
x, _, _ = lsim(P, Ud, Td, X0)

fig, ax = plt.subplots(1, 2, figsize=(6, 2.3))
for i in [0, 1]:
    ax[i].plot(t, x[:,i], label='response') # 图中显示为 "状态的响应"
    ax[i].plot(t, xst[:,i], ls='--', label='zero state') # 图中显示为 "零初值响应"
```

```
ax[i].plot(t, xin[:,i], ls='-.', label='zero input') # 图中显示为"零输入响应"
```

```
plot_set(ax[0], 't', '$x_1$')
plot_set(ax[1], 't', '$x_2$', 'best')
fig.tight_layout()
```

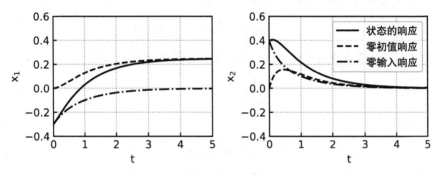

图 4.12　状态空间模型的时域响应

练 习 题

试改变代码段 4.12，求出当 $u(t) = 3\sin 5t$, $\boldsymbol{x}(0) = [0.51]^T$ 时状态的行为特征。

● **参考答案**

对代码段 4.12 做如下变更：

```
Ud = 3*np.sin(5*Td)
X0 = [0.5, 1]
```

结果如**图** 4.13 所示。

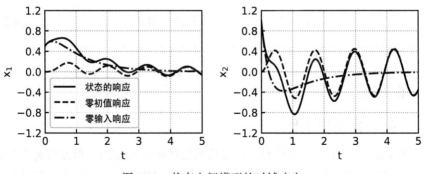

图 4.13　状态空间模型的时域响应

求解状态方程
- -

首先让我们来确认 $\dot{\boldsymbol{x}}(t) = \boldsymbol{A}\boldsymbol{x}(t)$ 的解为：

$$\boldsymbol{x}(t) = \mathrm{e}^{\boldsymbol{A}t}\boldsymbol{x}(0) \quad （4.32）$$

将式（4.32）的两边同时对时间求导。根据矩阵指数函数的定义，有：

$$\frac{\mathrm{d}}{\mathrm{d}t}\mathrm{e}^{\boldsymbol{A}t} = \boldsymbol{A}\mathrm{e}^{\boldsymbol{A}t} \tag{4.33}$$

于是得到：

$$\dot{\boldsymbol{x}}(t) = \boldsymbol{A}\mathrm{e}^{\boldsymbol{A}t}\boldsymbol{x}(0) = \boldsymbol{A}\boldsymbol{x}(t) \tag{4.34}$$

这样我们就确认了式（4.32）的确是方程的解。

接下来让我们来求取 $\dot{\boldsymbol{x}}(t) = \boldsymbol{A}\boldsymbol{x}(t) + \boldsymbol{B}u(t)$ 的解。将 $\boldsymbol{x}(t) = \mathrm{e}^{\boldsymbol{A}t}\boldsymbol{z}(t)$ 作为解的备选。这里的 $\boldsymbol{z}(0) = \boldsymbol{x}(0)$。将 $\boldsymbol{x}(t) = \mathrm{e}^{\boldsymbol{A}t}\boldsymbol{z}(t)$ 的两边同时对时间求导得到：

$$\dot{\boldsymbol{x}}(t) = \boldsymbol{A}\mathrm{e}^{\boldsymbol{A}t}\boldsymbol{z}(t) + \mathrm{e}^{\boldsymbol{A}t}\dot{\boldsymbol{z}}(t) = \boldsymbol{A}\boldsymbol{x}(t) + \mathrm{e}^{\boldsymbol{A}t}\dot{\boldsymbol{z}}(t) \tag{4.35}$$

为了使其与原来的状态方程一致，我们只需要求出满足下述方程的 $\boldsymbol{z}(t)$：

$$\mathrm{e}^{\boldsymbol{A}t}\dot{\boldsymbol{z}}(t) = \boldsymbol{B}u(t) \tag{4.36}$$

这里 $\dot{\boldsymbol{z}}(t) = \mathrm{e}^{-\boldsymbol{A}t}\boldsymbol{B}u(t)$，将其两边同时积分后得到：

$$\boldsymbol{z}(t) = \boldsymbol{z}(0) + \int_0^t \mathrm{e}^{-\boldsymbol{A}\tau}\boldsymbol{B}u(\tau)\mathrm{d}\tau \tag{4.37}$$

因此得到方程的解为：

$$\boldsymbol{x}(t) = \mathrm{e}^{\boldsymbol{A}t}\boldsymbol{z}(t) = \mathrm{e}^{\boldsymbol{A}t}\boldsymbol{x}(0) + \int_0^t \mathrm{e}^{\boldsymbol{A}(t-\tau)}\boldsymbol{B}u(\tau)\mathrm{d}\tau \tag{4.38}$$

4.3 稳定性

4.3.1 输入输出稳定性

在我们研究一阶滞后系统和二阶滞后系统的阶跃响应时，曾发现将参数设为某些值的时候会导致输出响应发散。这意味着系统**不稳定**。接下来就让我们进一步研究系统稳定性的问题。

首先，在输入有界信号时，输出也有界的情况称为**输入输出稳定**或者 **BIBO 稳定**（Bounded Input, Bounded Output Stability，有界输入有界输出稳定），简称为**稳定**（如**图 4.14** 所示）。另外，所谓**有界信号**，指的是信号不会发散到无穷大，其定义如下[⊖]：

$$|u(t)| \leqslant M < \infty, \ \forall t \tag{4.39}$$

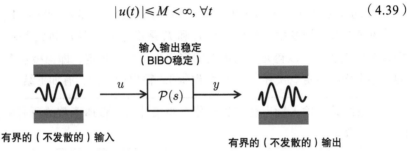

图 4.14　系统的输入输出稳定性

这就是说，在一阶滞后系统和二阶滞后系统中，根据参数决定了可能存在输入输出不稳定的情况。那么一般来说，何时会出现不稳定的情况呢？这可以通过观察传递函数的**极点**（$\mathcal{P}(s) = \infty$ 时的 s，即分母多项式的根）来确定。让我们分别来看看稳定和不稳定两种情况下的极点。

在 Python 中可以使用函数 pole 来求取传递函数的极点。具体来说，像 p = pole(sys) 这样，参数设为模型就可以得到极点 p 了。此外使用对象的方法（如 sys.pole()）也可以得到同样的结果。

让我们来看看一阶滞后系统中 $K = 1, T = 1, -1$ 时的传递函数的极点。

```
P1 = tf([0,1], [1, 1])
print('P1:', pole(P1))
P2 = tf([0,1], [-1, 1])
print('P2:', pole(P2))
```

```
P1: [-1.]
P2: [1.]
```

$\mathcal{P}_1$ 的极点为 -1，$\mathcal{P}_2$ 的极点为 1。

接下来让我们来看看二阶滞后系统中当 $K = 1, \omega_n = 1, \zeta = 0.025, -0.025$ 时传递函数的极点。

⊖　$\forall t$ 的意思是"对于任意的 t"。

```
P3 = tf([0,1], [1, 0.05, 1])
print('P3:', pole(P3))
P4 = tf([0,1], [1, -0.05, 1])
print('P4:', pole(P4))
```

```
P3: [-0.025+0.99968745j -0.025-0.99968745j]
P4: [0.025+0.99968745j 0.025-0.99968745j]
```

P_3 的极点为 $-0.025 \pm 0.99968745\mathrm{j}$，$P_4$ 的极点为 $0.025 \pm 0.99968745\mathrm{j}$。

在 4.1 节的例题中，我们看到 P_1 和 P_3 是稳定的，而 P_2 和 P_4 是不稳定的。根据这个结果我们可以得知，当极点的实部为负数时稳定，即当极点存在于复平面的左半平面时稳定。实际上关于系统的输入输出稳定性，有如下结论。

> 系统处于输入输出稳定的充分必要条件为：传递函数的所有极点的实部均为负数。

也就是说，当传递函数的极点位于复平面的左半边时，该系统就是输入输出稳定的。所以只要观察传递函数的极点就可以判断其稳定性。实部为负值的极点叫作**稳定极点**，否则就叫作**不稳定极点**。在 Python 中可以如上所述使用 pole 来求取极点，也可以使用 root 来求取分母多项式的根，如下所示。

```
[[Np]], [[Dp]] = tfdata(P4)
print(Dp)
print(np.roots(Dp))
```

```
[ 1.    -0.05 1. ]
[0.025+0.99968745j 0.025-0.99968745j]
```

顺便提一句，分母多项式的根称为传递函数的极点，而分子多项式的根（$P(s) = 0$ 时的 s）称为**零点**。零点虽然也是决定系统响应的要素，但是它基本上不会导致系统不稳定。在 Python 中可以使用函数 zero 来求取零点（当然也可以直接求取分子多项式的根）。

极点与阶跃响应的关系

假设传递函数 $P(s)$ 为：

$$P(s) = \frac{N_{\mathcal{P}}(s)}{(s - p_1)(s - p_2)\cdots(s - p_n)} \quad (4.40)$$

这里的 $N_P(s)$ 为 s 的多项式（次数小于 n）。此时，当施加阶跃输入 $u(s) = \dfrac{1}{s}$ 后的输出为：

$$y(s) = \frac{\alpha_0}{s} + \frac{\alpha_1}{s - p_1} + \frac{\alpha_2}{s - p_2} + \cdots + \frac{\alpha_n}{s - p_n} \tag{4.41}$$

此处的 α_i 为计算部分分式分解时产生的系数。于是，通过逆拉普拉斯变换可以求得阶跃响应：

$$y(t) = \alpha_0 + \alpha_1 e^{p_1 t} + \alpha_2 e^{p_2 t} + \cdots + \alpha_n e^{p_n t} \tag{4.42}$$

当 p_i 为复数 $p_i = \sigma_i + j\omega_i$ 时，有 $e^{p_i t} = e^{\sigma_i t} e^{j\omega_i t} = e^{\sigma_i t}(\cos \omega_i t + j\sin \omega_i t)$（这里用了欧拉公式 $e^{j\theta} = \cos\theta + j\sin\theta$）。从这里可以看出，当极点的实部 σ_i 全部为负数时，随着时间的流逝 y 会收敛于 α_0。

上面解释了当 $P(s)$ 的极点各不相同时的情况。当存在重复的极点时，会出现像 t 的多项式与指数函数的积（如 $te^{p_i t}$ 和 $t^2 e^{p_i t}$）。在这种情况下，当极点的实部为负数时，y 会收敛于 α_0（$te^{p_i t}$ 的极限可以通过将其转写成 $t/e^{-p_i t}$ 后使用洛必达法则得出为 0）。

4.3.2   渐进稳定性

上一节中介绍了传递函数的稳定性。那么对于状态空间模型又是怎样的呢？对于状态空间模型，可以通过观察系统的 A 矩阵的**特征值**来确定其稳定性，当特征值的实部为负数时，系统稳定。

系统稳定的充分必要条件为：矩阵 A 所有特征值的实部均为负数。

不过，这里所说的稳定性是：

$$\lim_{t \to \infty} \boldsymbol{x}(t) = 0 \tag{4.43}$$

这种稳定性称为**渐进稳定性**。对于状态空间模型，若其是渐进稳定的，则对于有界的输入，其输出也是有界的（输入输出稳定）。但是需要注意的是反过来不一定成立。

在 Python 中可以通过 Numpy 的函数 np.linalg.eigvals 来求得矩阵的特征值。

```
A = np.array([[0,1],[-4,-5]])
np.linalg.eigvals(A)
```

```
[-1. -4.]
```

状态 x_1 和 x_2 的相平面图（本书用以指称将状态 x 的轨迹在 $x_1 - x_2$ 平面上绘制出来的图形）如**图 4.15** 所示。可以看到，从图 4.15 中的任意位置的初始值开始，最终都能沿着轨迹收敛到原点。

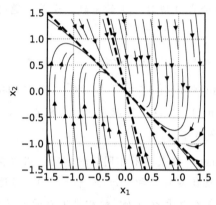

图 4.15　状态的轨迹

图 4.15 中的直线为对应矩阵 A 的特征值的特征向量的图形。在上面的例子中，特征值为 -1 和 -4，对应它们的特征向量用虚线绘出。

由于特征向量满足 $\dot{x} = Ax = \lambda x$，一旦到达这条直线，接下来状态就会沿着这条直线改变。这条直线也叫作**不变子空间**。

代码段 4.13　相平面图

```
w = 1.5 # 设置步幅
Y, X = np.mgrid[-w:w:100j, -w:w:100j]

A = np.array([[0,1],[-4,-5]])
s, v = np.linalg.eig(A) # 矩阵 A 的特征向量 v 和特征值 s

# 使用 \dot{x}=Ax 来计算 \dot{x} 的组成
U = A[0,0]*X + A[0,1]*Y
V = A[1,0]*X + A[1,1]*Y

t = np.arange(-1.5,1.5,0.01)
fig, ax = plt.subplots()
# 仅当矩阵 A 存在实数特征值的时候绘制不变集合
if s.imag[0] == 0 and s.imag[1] == 0:
    ax.plot(t, (v[1,0]/v[0,0])*t, ls='-')
```

```
    ax.plot(t, (v[1,1]/v[0,1])*t, ls='-')
# 绘制 x 的相平面图
ax.streamplot(X, Y, U, V, density=0.7, color='k')
plot_set(ax, '$x_1$', '$x_2$')
```

设 A 矩阵为：

$$A = \begin{bmatrix} 0 & 1 \\ -4 & 5 \end{bmatrix}$$

试求 A 的特征值以确定其稳定性，并绘制其状态的相平面图。

● **参考答案**

　　由于特征值为 1 和 4，所以不稳定。相平面图如**图** 4.16 所示。据此可知，从任意初始值开始都遵循远离原点的轨迹。

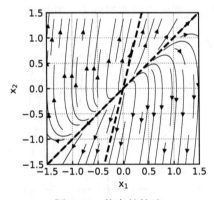

图 4.16　状态的轨迹

4.4　极点与系统行为的关系

　　我们已经学过，当传递函数模型的极点的实部或者状态空间模型 A 矩阵的特征值的实部为负数的时候，系统是稳定的。现在让我们进一步研究极点与特征值和系统行为之间的关系。

　　首先，当极点的负值越大时，响应就越迅速。在一阶滞后系统中，由于极点为 $s = -\dfrac{1}{T}$，所以这对应着当 T 越小时响应越迅速。对于二阶滞后系统，其极点为：

$$s = -\zeta\omega_n \pm \omega_n\sqrt{\zeta^2 - 1}$$

因此可以看出它对应着当 ω_n 越大时响应越迅速。

当极点的虚部不为 0 时，系统会呈现振荡状态，虚部越大振荡越快。由于一阶滞后系统的极点仅有实部，所以不会产生振荡。此外，对于二阶滞后系统，当 ζ 的绝对值小于 1 时，有：

$$s = -\zeta\omega_n \pm j\omega_n\sqrt{1 - \zeta^2}$$

当 ζ 趋近于 0 时虚部增大，系统开始振荡。当 $\zeta = 0$ 时，由于实部为 0，系统将持续振荡而不衰减。

可以将上面的内容整理成**图 4.17**。这里的 × 记号表示复平面上的极点（特征值）的位置（若是复数，则以共轭复数的形式成对出现）。当极点位于右半平面时，即当极点的实部为正数时，系统发散。

当极点位于左半平面时，即当极点的实部为负数时，系统收敛到特定值。当极点在虚轴上时，即当极点的实部为 0 时，系统持续振荡。

当极点只有实部（虚部为 0）时，系统不振荡而收敛。当极点的实部的负值越大，其收敛速度就越快。当极点的虚部越大，其振荡周期就越短。

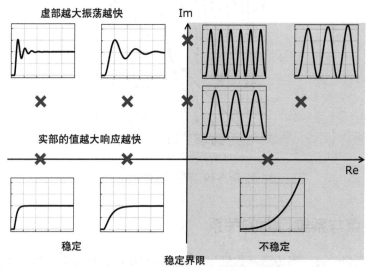

图 4.17　极点与响应的关系

最后简单介绍下零点和系统行为的关系。我们考虑下面三个传递函数：

$$\mathcal{P}_1(s) = \frac{\omega_n^2}{s^2 + 2\zeta\omega_n s + \omega_n^2} \tag{4.44}$$

$$\mathcal{P}_2(s) = \frac{3s + \omega_n^2}{s^2 + 2\zeta\omega_n s + \omega_n^2} \tag{4.45}$$

$$\mathcal{P}_3(s) = \frac{3s - \omega_n^2}{s^2 + 2\zeta\omega_n s + \omega_n^2} \tag{4.46}$$

$\mathcal{P}_1$ 为没有零点的传递函数。$\mathcal{P}_2$ 的零点为 $s = -\omega_n^2/3$，是个负数，这样的零点称为**稳定零点**。相对的，$\mathcal{P}_3$ 的零点为 $s = \omega_n^2/3$，是个正数，这样的零点称为**不稳定零点**。没有零点或存在稳定零点（如 $\mathcal{P}_1$ 和 $\mathcal{P}_2$）的系统称为**最小相位系统**，存在不稳定零点（如 $\mathcal{P}_3$）的系统称为**非最小相位系统**。

上述三个传递函数的阶跃响应如**图 4.18** 所示。通过比较 $\mathcal{P}_1$ 和 $\mathcal{P}_2$ 的响应，可以看到零点的存在会使得振荡增大。通过观察 $\mathcal{P}_3$，可以看到其受到零点的影响产生振荡。尤其是在施加阶跃输入之后即刻产生了**反冲**。

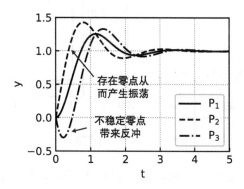

图 4.18　零点的影响

4.5　频域响应

在 4.1 节中我们讨论了传递函数 $\mathcal{P}(s)$ 的阶跃响应。被控对象的输出可以用 $y(s) = \mathcal{P}(s)u(s)$ 来表示。可以看出当输入信号为 $u(s) = 1$ 时，其响应就是传递函数。实际上，$u(s) = 1$ 的信号叫作**冲激输入**。冲激输入是一种如**图 4.19** 所示的称为**狄拉克 δ 函数** $\delta(t)$ 的广义函数。它在 $t = 0$ 时函数值为 ∞，在 $t = 0$ 以外的区间的函数值为 0。由此可见，将施加冲激输入后的系统的响应（**冲激响应**）进行拉普拉斯变换就能得到传递函数。

根据上述讨论，读者可能会以为只需要施加冲激输入，然后观察其响应就可以研究被控对象的特征了。实际上正如本章开头时提到的敲墙的例子，这就是一种对冲激响应的研究。拍打西瓜判断好坏，以及在铁路和桥梁的检查中，用锤子敲打螺栓以确认其是否拧紧，都属于用耳朵来听冲激响应以研究被控对象的特征。

　　然而，在现实中施加冲激输入是很困难的。因为这需要在瞬间施加无穷大的输入。因此，我们使用其他信号的集合（线性和）来表现冲激输入。具体来讲，我们可以把它看成是多个不同频率的余弦波的集合（这在数学上对应着傅里叶变换）。实际上，将 10 个不同频率的余弦波叠加后就如**图 4.20** 的左侧图所示，叠加 13 000 个后就如图 4.20 的右侧图所示，逐渐接近冲激输入的形状。

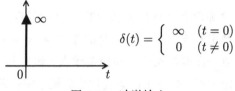

$$\delta(t) = \left\{ \begin{array}{ll} \infty & (t = 0) \\ 0 & (t \neq 0) \end{array} \right.$$

图 4.19　冲激输入

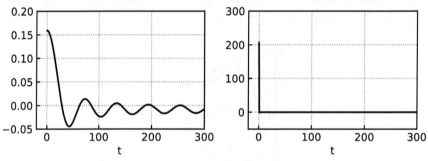

图 4.20　叠加余弦波

　　换句话说，可以使用带有不同频率成分的信号来表现冲激输入。因此，通过汇总施加了不同频率的余弦波（cos）信号后的结果，就可以得知被控对象的特征（需要注意的是"因为被控对象是线性的，所以才可以叠加"）。

　　接下来，让我们来看看将正弦波（sin）信号（与余弦波形状相同，相位不同）作为被控对象的输入后得到的输出响应（如**图 4.21** 所示）。在 Python 中可以使用 lsim 来运行正弦波输入的仿真。

```
y, t, x0 = lsim(sys, Ud, Td, X0)
```

sys 为传递函数模型或者状态空间模型，Ud 为输入，Td 为时间，X0 为初始值。将 Ud 指定为正弦波信号。

　　执行**代码段** 4.14 得到**图 4.22**。如图 4.22 所示，可以看出输出也是恒定的正弦波信号。随着正弦波频率的降低，输入和输出的振幅开始变得基本一致。而随着频率的增加，振幅会逐渐减小。另外可以看到，输入信号的波峰的位置与输出信号的波峰的位置是错开的（相位滞后）。

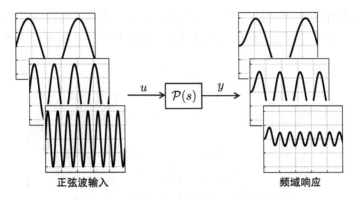

图 4.21　正弦波输入和频域响应的概念图

代码段 4.14　确认输入正弦波时的响应

```
fig, ax = plt.subplots(2,2)
# 二阶滞后系统
zeta = 0.7
omega_n = 5
P = tf([0,omega_n**2],[1, 2*zeta*omega_n, omega_n**2])

freq = [2, 5, 10, 20] # 改变频率
Td = np.arange(0, 5, 0.01)
for i in range(2):
    for j in range(2):
        u = np.sin(freq[2*i+j]*Td) #  正弦波输入
        y, t, x0 = lsim(P, u, Td, 0)

        ax[i,j].plot(t, u, ls='--', label='u')
        ax[i,j].plot(t, y, label='y')
        plot_set(ax[i,j], 't', 'u, y')

ax[0,0].legend()
```

　　我们可以用"一二三我们都是木头人"⊖游戏来类比上面的结果。输入可以类比于"鬼"面向墙壁／树木的方向，或是面向玩家方向的动作。玩家只有在"鬼"面向墙壁方向的时候才能移动，在"鬼"回头的时候需要保持静止。如果"鬼"回头的频度比较低，那么玩家可以大幅度移动，但当"鬼"回头的频度比较高的时候，玩家只能小幅度移动。这就对应了当输入信号频率低的时候，输出

⊖　原文为"不倒翁先生跌倒了"，为日本传统民间游戏，其玩法类似于"一二三我们都是木头人"。——译者注

对输入的振幅比（称为**幅值**）较大，而当输入信号频率高的时候，幅值就会减小。此外，当鬼的回头速度很快时，玩家无法在一瞬间停住，这就对应了**相位滞后**。

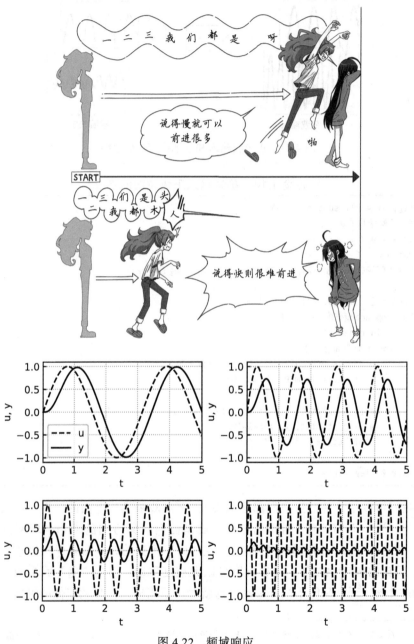

图 4.22　频域响应

整理一下：当输入信号为 $u(t) = A\sin(\omega t)$ 时，输出则为 $y(t) = B(\omega)\sin(\omega t + \phi(\omega))$。其中振幅比 $\dfrac{B(\omega)}{A}$ 和相位 $\phi(\omega)$ 随着频率不同而发生变化。

那么将幅值（输出输入信号的振幅比）与相位相对于频率绘图之后就可以一目了然地确认被控对象的特征。

相对于各个频率，将振幅比以 $20\log_{10}\dfrac{B(\omega)}{A}$（分贝，dB）来表示，绘制出的图形称为**幅频图**。将相位（deg）绘出的图形称为**相频图**。两者合称**伯德图**（如**图 4.23** 所示）。

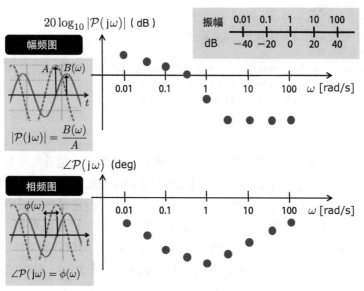

图 4.23　伯德图（横坐标为对数坐标）

在 Python 中可以使用 bode 命令来绘制伯德图（幅频图和相频图）。

```
gain, phase, w = bode(P, W)
```

P 为系统，W 用于指定计算用的频率范围。例如，需要指定从 $0.01 = 10^{-2}\,\mathrm{rad/s}$ 到 $100 = 10^{2}\,\mathrm{rad/s}$ 的范围的时候，可以设置 W = logspace(-2,2)。gain 为幅值，phase 为相位，w 为频率。返回值中的 gain 不是以分贝（dB）为单位表示的。因此需要使用 20*np.log10(gain) 来将其转换成分贝单位。同样，phase 也不是以角度单位（deg）表示，而是以弧度单位（rad）表示，因此需要通过 phase*180/np.pi 将其转换成角度单位。

4.5.1　一阶滞后系统

接下来让我们尝试绘制一阶滞后系统的伯德图。执行**代码段 4.15** 可以得到时间常数 T 分别取 $T=1, 0.5, 0.1$ 时的伯德图，其结果如**图 4.24** 所示。

代码段 4.15　一阶滞后系统的频域响应（改变 *T* 值）

```
K = 1
T = [1, 0.5, 0.1]

LS = linestyle_generator()
fig, ax = plt.subplots(2,1)
for i in range(len(T)):
    P = tf([0, K],[T[i], 1])
    gain, phase, w = bode(P, logspace(-2,2), Plot=False)
    # 绘制伯德图
    pltargs = {'ls': next(LS), 'label': 'T='+str(T[i])}
    ax[0].semilogx(w, 20*np.log10(gain), **pltargs)
    ax[1].semilogx(w, phase*180/np.pi, **pltargs)

bodeplot_set(ax, 3, 3)
```

我们先来看一下幅频图。在低频段，幅值在 0dB 附近。随着频率的增大，幅值逐渐下降。由此我们可以得知，当输入信号的频率较低时输出信号的振幅与输入信号的振幅是基本相同的。当频率增大时，输出信号的振幅就会减小。对于一阶滞后系统，当频率每增大 10 倍时幅值就下降 −20dB。这可以写作 −20dB/dec（dec 是十倍频程的意思）。此外，随着时间常数的减小，幅值开始下降的频率[⊖]随之增大。实际上，当 $T=1$ 时该频率位于 1rad/s 附近，当 $T=0.1$ 时该频率则位于 10rad/s 附近。这就是说，在直到 $\frac{1}{T}$ [rad/s] 为止的频段内，输入信号的振幅都可以得到保留。

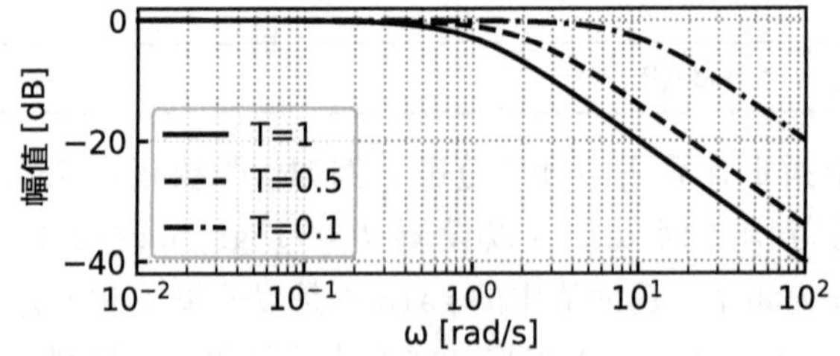

图 4.24　时间常数 T 分别取 $T=1,0.5,0.1$ 时的一阶滞后系统的伯德图

⊖ 称为转角频率。——译者注

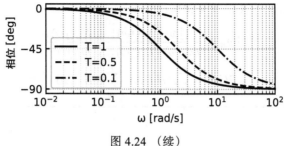

图 4.24 （续）

接下来让我们来看一看相频图。在低频段，相位为 0deg，随着频率的增大相位逐渐开始滞后，最终趋近于 -90deg。在 $\frac{1}{T}$（rad/s）附近的相位为 −45deg。

计算频域响应

　　输入正弦波 $u(t)=\sin(\omega t)$ 时，传递函数 $P(s)$ 的输出为 $y(t)=B(\omega)\sin(\omega t+\phi(\omega))$。通过使用幅值 $B(\omega)$ 和相位 $\phi(\omega)$ 可以表示成：

$$P(\mathrm{j}\omega)=B(\omega)\mathrm{e}^{\mathrm{j}\phi(\omega)} \tag{4.47}$$

其中 $P(\mathrm{j}\omega)$ 称为**频率特性函数**。

　　频率特性函数可以通过将 $\mathrm{j}\omega$ 代入传递函数 $P(s)$ 的 s 得到。由于冲激响应的拉普拉斯变换的结果就是传递函数 $P(s)$，因此冲激响应的傅里叶变换就是频率特性函数 $P(\mathrm{j}\omega)$。

　　由于 $P(\mathrm{j}\omega)$ 是一个复变函数，当它表示为 $P(\mathrm{j}\omega)=\alpha(\omega)+\mathrm{j}\beta(\omega)$ 时，其幅值和相位分别是：

$$|P(\mathrm{j}\omega)|=\sqrt{\alpha^2(\omega)+\beta^2(\omega)},\ \angle P(\mathrm{j}\omega)=\tan^{-1}\left(\frac{\beta(\omega)}{\alpha(\omega)}\right) \tag{4.48}$$

然后通过计算不同 ω 所对应的 $|P(\mathrm{j}\omega)|$ 和 $\angle P(\mathrm{j}\omega)$ 就可以画出伯德图了。

　　顺便说一句，当频率特性函数写成下述形式时：

$$P(\mathrm{j}\omega)=\frac{N_1(\mathrm{j}\omega)N_2(\mathrm{j}\omega)\ldots N_m(\mathrm{j}\omega)}{D_1(\mathrm{j}\omega)D_2(\mathrm{j}\omega)\ldots D_n(\mathrm{j}\omega)} \tag{4.49}$$

可以通过如下公式计算幅值与相位：

$$|\mathcal{P}(\mathrm{j}\omega)| = \frac{|N_1(\mathrm{j}\omega)||N_2(\mathrm{j}\omega)|\dots|N_m(\mathrm{j}\omega)|}{|D_1(\mathrm{j}\omega)||D_2(\mathrm{j}\omega)|\dots|D_n(\mathrm{j}\omega)|} \qquad (4.50)$$

$$\angle\mathcal{P}(\mathrm{j}\omega) = \sum_{i=1}^{m}\angle N_i(\mathrm{j}\omega) - \sum_{i=1}^{n}\angle D_i(\mathrm{j}\omega) \qquad (4.51)$$

一阶滞后系统的频域特性

一阶滞后系统（$K=1$）的频率特性函数为：

$$\mathcal{P}(\mathrm{j}\omega) = \frac{1}{1+\mathrm{j}\omega T} \qquad (4.52)$$

此时，其幅值与相位分别是：

$$|\mathcal{P}(\mathrm{j}\omega)| = \frac{1}{\sqrt{1+(\omega T)^2}} \qquad (4.53)$$

$$\angle\mathcal{P}(\mathrm{j}\omega) = -\tan^{-1}\omega T \qquad (4.54)$$

从这里可以看出，当 ω 足够小时，有 $|\mathcal{P}(\mathrm{j}\omega)|=1$（0dB），$\angle\mathcal{P}(\mathrm{j}\omega)=0$ deg。当 $\omega=1/T$ 时，有 $|\mathcal{P}(\mathrm{j}\omega)|=1/\sqrt{2}$，$\angle\mathcal{P}(\mathrm{j}\omega)=-45$ deg。当 ω 足够大时，有 $|\mathcal{P}(\mathrm{j}\omega)|=1/\omega T$（$-20\log_{10}\omega T$ [dB]），$\angle\mathcal{P}(\mathrm{j}\omega)=-90$ deg。根据以上结果绘制出的图形如图 4.24 所示。

4.5.2　二阶滞后系统

接下来让我们尝试绘制二阶滞后系统的伯德图。执行**代码段 4.16** 可以得到阻尼系数 ζ 分别取 $\zeta=1, 0.7, 0.4$ 时的伯德图，结果如**图 4.25** 所示。

代码段 4.16　二阶滞后系统的频域响应（改变 ζ 值）

```
zeta = [1, 0.7, 0.4]
omega_n = 1

LS = linestyle_generator()
```

```python
fig, ax = plt.subplots(2,1)
for i in range(len(zeta)):
    P = tf([0,omega_n**2], [1, 2*zeta[i]*omega_n, omega_n**2])
    gain, phase, w = bode(P, logspace(-2,2), Plot=False)

    pltargs = {'ls': next(LS)}
    pltargs['label'] = '$\zeta$='+str(zeta[i])
    ax[0].semilogx(w, 20*np.log10(gain), **pltargs)
    ax[1].semilogx(w, phase*180/np.pi, **pltargs)

bodeplot_set(ax, 3, 3)
```

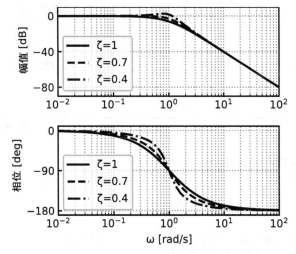

图 4.25　阻尼系数 ζ 分别取 $\zeta = 1, 0.7, 0.4$ 时的二阶滞后系统的伯德图

观察幅频图，发现幅值在低频段为 0dB，在高频段幅值逐渐减小。并且可以看到，对于二阶滞后系统，幅值是以 −40dB/dec 的斜率减小的。虽然开始下降的频率不随 ζ 的变化而变化，但是随着 ζ 的减小，出现了比 0dB 更大的幅值部分。这意味着输出信号的振幅大于输入信号的振幅，对应了时域响应中过冲的增大。

对于相频图，相位在低频段为 0deg，随着频率的增大逐渐趋近 −180deg。另外可以看到，ζ 越小，在 −90deg 附近的倾斜就越是陡峭。

接下来让我们改变无阻尼自然振荡频率 ω_n，分别取 $\omega_n = 1, 5, 10$。从**图 4.26** 的幅频图可以看出，根据 ω_n 取值的不同，幅值开始减小的频率会随之发生变化。实际上，$\omega_n = 1$ 时为 1rad/s，$\omega_n = 10$ 时为 10rad/s，直到 ω_n 为止的频段内输入信号的振幅可以得到保留。对于相频图，可以发现当 $\omega = \omega_n$ 时相位为 −90deg。

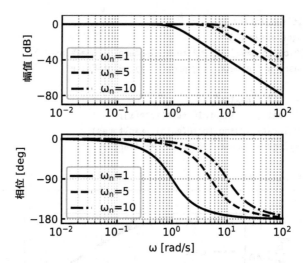

图 4.26   无阻尼自然振荡频率 ω_n 分别取 $\omega_n = 1,5,10$ 时的二阶滞后系统的伯德图

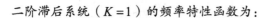

二阶滞后系统的频域特性

二阶滞后系统（$K = 1$）的频率特性函数为：

$$\mathcal{P}(j\omega) = \frac{\omega_n^2}{\omega_n^2 - \omega^2 + 2j\zeta\omega_n\omega} \tag{5.55}$$

由此可以得到：

$$|\mathcal{P}(j\omega)| = \frac{\omega_n^2}{\sqrt{(\omega_n^2 - \omega^2)^2 + (2\zeta\omega_n\omega)^2}} \tag{4.56}$$

$$\angle\mathcal{P}(j\omega) = -\tan^{-1}\frac{2\zeta\omega_n\omega}{\omega_n^2 - \omega^2} \tag{4.57}$$

当 ω 足够小时有 $|\mathcal{P}(j\omega)| = 1$（0dB），$\angle\mathcal{P}(j\omega) = 0$ deg。当 $\omega = \omega_n$ 时，有 $|\mathcal{P}(j\omega)| = \frac{1}{2\zeta}$（$-20\log_{10} 2\zeta$（dB）），$\angle\mathcal{P}(j\omega) = -90$ deg。当 ω 足够大时，有 $|\mathcal{P}(j\omega)| = 1/\left(\dfrac{\omega}{\omega_n}\right)^2$（$-40\log_{10}\left(\dfrac{\omega}{\omega_n}\right)$（dB）），$\angle\mathcal{P}(j\omega) = -180$ deg。根据以上结果绘图后就可以得到图 4.25 和图 4.26。

让我们来看看幅值取最大值时的频率[⊖]以及此时的幅值（称为**峰值增益**）。也就是计算当 $(\omega_n^2 - \omega^2)^2 + (2\zeta\omega_n\omega)^2$ 取得最小值时的 ω，以及此时的 $|\mathcal{P}(j\omega)|$。首先求解下式的根：

$$\frac{\mathrm{d}}{\mathrm{d}\omega}(\omega_n^2 - \omega^2)^2 + (2\zeta\omega_n\omega)^2 = -4\omega(\omega_n^2 - \omega^2) + 8\zeta^2\omega_n^2\omega$$
$$= 4\omega(\omega^2 - \omega_n^2(1 - 2\zeta^2)) = 0 \qquad (4.58)$$

结果为 $\omega = 0$ 和 $\omega = \pm\omega_n\sqrt{1 - 2\zeta^2}$。因此，当 $0 \leqslant \zeta \leqslant \frac{1}{\sqrt{2}}$ 时，可以以 $\omega = \omega_n\sqrt{1 - 2\zeta^2}$ 取得最小值：

$$|\mathcal{P}(j\omega)| = \frac{\omega_n^2}{\sqrt{(\omega_n^2 - \omega_n^2(1 - 2\zeta^2))^2 + (2\zeta\omega_n^2\sqrt{1 - 2\zeta^2})^2}}$$
$$= \frac{1}{\sqrt{(1 - (1 - 2\zeta^2))^2 + 4\zeta^2(1 - 2\zeta^2)}} \qquad (4.59)$$
$$= \frac{1}{2\zeta\sqrt{1 - \zeta^2}}$$

其中 $|\mathcal{P}(j\omega)|$ 就是峰值增益 M_p。与之相对的，如果 $\zeta \geqslant \frac{1}{\sqrt{2}}$，则 $\omega = 0$ 时取得最小值 $|\mathcal{P}(j\omega)| = 1$。也就是说，峰值增益 $M_p = 1$。

 练习题

试求下列传递函数的频域响应：

（1）

$$\mathcal{P}(s) = \frac{s + 3}{(s + 1)(s + 2)} \qquad (4.60)$$

（2）

$$\mathcal{P}(s) = \frac{1}{s^3 + 2s^2 + 2s + 1} \qquad (4.61)$$

⊖ 称为谐振频率。——译者注

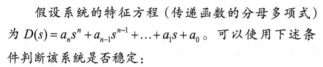

用劳斯判据来判断稳定性

假设系统的特征方程（传递函数的分母多项式）为 $D(s) = a_n s^n + a_{n-1} s^{n-1} + \ldots + a_1 s + a_0$。可以使用下述条件判断该系统是否稳定：

条件 1：所有系数 $a_0, a_1, \cdots, a_n$ 皆存在，且符号相同。

条件 2：制作如下所示的劳斯表，其第 1 列（劳斯数列）的各元素的符号全部相同。

$$
\begin{array}{c|cccc}
s^n & a_n & a_{n-2} & a_{n-4} & \cdots \\
s^{n-1} & a_{n-1} & a_{n-3} & a_{n-5} & \cdots \\
s^{n-2} & b_1 := \dfrac{a_{n-1}a_{n-2} - a_n a_{n-3}}{a_{n-1}} & b_2 := \dfrac{a_{n-1}a_{n-4} - a_n a_{n-5}}{a_{n-1}} & b_3 & \cdots \\
s^{n-3} & c_1 := \dfrac{b_1 a_{n-3} - a_{n-1} b_2}{b_1} & c_2 := \dfrac{b_1 a_{n-5} - a_{n-1} b_3}{b_1} & c_3 & \cdots \\
\vdots & \vdots & \vdots & \vdots \\
s^0 & & & &
\end{array}
$$

条件 1 为稳定性的必要条件，因此当此条件不满足时系统就是不稳定的。条件 2 中劳斯数列的正负号变化的次数等于不稳定极点的数量。

让我们来看一个例子：

$$
\mathcal{P}(s) = \frac{1}{s^4 + 2s^3 + 3s^2 + 4s + 5}
$$

这个系统的极点为：

```
[-1.28781548+0.85789676j  -1.28781548-0.85789676j
0.28781548+1.41609308j  0.28781548-1.41609308j]
```

由于存在两个不稳定极点，因此系统是不稳定的。让我们使用**劳斯判据**来确认一下。

首先，分母多项式的系数全部为正数，即满足条件 1。接下来制作劳斯表：

$$
\begin{array}{c|ccc}
s^4 & 1 & 3 & 5 \\
s^3 & 2 & 4 & 0 \\
s^2 & b_1 := \dfrac{2\cdot 3 - 1\cdot 4}{2} = 1 & b_2 := \dfrac{2\cdot 5 - 1\cdot 0}{2} = 5 & b_3 = 0 \\
s^1 & c_1 := \dfrac{1\cdot 4 - 2\cdot 5}{1} = -6 & c_2 := \dfrac{1\cdot 0 - 2\cdot 0}{1} = 0 & c_3 = 0 \\
s^0 & d_1 := \dfrac{-6\cdot 5 - 1\cdot 0}{-6} = 5 & d_2 := \dfrac{-6\cdot 0 - 1\cdot 0}{-6} = 0 & d_3 = 0
\end{array}
$$

劳斯数列为 1、2、1、-6、5，这不满足条件 2，因此系统是不稳定的。由于劳斯数列的符号改变了 2 次，因此我们可以知道系统存在 2 个不稳定极点。

除此之外，判断稳定性的方法还有赫尔维茨判据。

第4章　总结

跳过烦人的计算过程，求取系统的阶跃响应和频域响应的方法暂且算是明白了吧。然后从这些结果里可以获得哪些信息，在一定程度上也能理解了吧。

嗯，大致上……（只不过是输入一些命令，感觉好像受骗了……）

要是没信心，可以阅读其他优秀的控制工程书籍，最好再学点理论上的（数学的）知识。

先继续学下去吧。目前只是理解了系统的特征，仍然不明白控制到底厉害在哪儿。

是呀。接下来就会把系统的特征转换为控制的力量。通过调整正确的输入，可以改变系统的行为。可以让系统稳定下来，消除振荡。

"改变行为"听起来好像某部科幻电影 Force 呢。我开始感到兴奋了！

 小结

- 一阶滞后系统（参数为时间常数）和二阶滞后系统（参数为阻尼系数和无阻尼自然振荡频率）是具有代表性的模型。
- 可以通过施加阶跃输入来研究时域响应特征。需要检查的特征有响应的速度、过冲的大小、稳定值等。
- 可以通过施加正弦波输入来研究频域响应特征。需要检查的特征有输出信号与输入信号的振幅比（幅值）以及滞后（相位）。
- 状态空间模型的时域响应由零初值响应和零输入响应（初始值响应）决定。
- 若传递函数模型所有极点的实部都是负数，则系统是输入输出稳定的。
- 若状态空间模型 A 矩阵的所有特征值的实部都是负数，则系统是渐进稳定的。

CHAPTER 5

第 5 章

关注闭环系统的控制系统设计

通过控制改变行为……我知道要将其稳定化，但是怎样的行为才是正确答案呢？

这是由设计人员根据具体情况具体分析得到的。通常是考虑动作有多迅速、有没有稳态误差、过冲小不小之类的。

也就是说，把时域响应的曲线按照自己的心意随心所欲地变来变去吧。

这样理解也没错啦……只是要当心有时候没办法随心所欲地操作哦。话说回来，姐姐，你有打过网球吧。

采取遵循击球路线、打快速球或慢速球、吊高球还是小球等打法是根据情况来决定的吧。那么，你能打出瞄准了球场最边角的快速下降的吊高球吗？

勤加练习的话就可以打出来……大概吧？

毅力万能论。实际上，由于对相反的性能进行权衡取舍，可能无法找到严格满足设计规格的输入，而且控制工程要设计的是决定了控制输入的控制器的形状。比如常见的 PID 控制，其参数有 3 个，如果能理解这些参数的变化会给系统的行为带来怎样的变化倾向，那么调整工作也就会变得容易了。

好像觉得自己快成为控制专家了。

上一章中被控对象的极点（特征值）和系统行为的关系也要掌握哦。这样就可以通过选择能够达成理想行为的极点，并使控制器中内嵌的极点尽可能地接近这些极点，以选定控制器的参数。

5.1　闭环系统的设计规格

对于被控对象 $\mathcal{P}$，让我们以搭建如**图 5.1** 所示的闭环系统（反馈控制系统）为目标。

$\mathcal{K}$ 为控制器，r 为目标值，u 为控制输入，d 为扰动，y 为输出，e 为误差。

为了使闭环系统能够具有我们想要的特性，需要设计控制器 $\mathcal{K}$，此时需要预先确定必要的评价指标。

接下来分别介绍稳定性、时域响应特性以及频域响应特性。

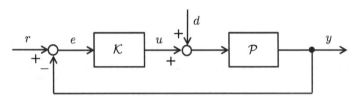

图 5.1　闭环系统

5.1.1　稳定性

对于闭环系统，外部的输入包括 r 和 d。输出包括被控对象的输出 y 和控制器的输出 u。因此闭环系统的稳定性需要考虑从 r 到 y 和 u，以及从 d 到 y 和 u，共 4 种组合。

看起来好像只需要关心从 r 和 d 到输出 y 的响应就可以了，实际上当控制输入 u 发散时是无法实装到现实的系统中的，因此也需要考虑从 r 和 d 到 u 的响应。鉴于此，关于稳定性的条件如下所述。

反馈控制系统的稳定性的充分必要条件为下列 4 个传递函数全部为输入输出稳定：

$$G_{yr}(s) = \frac{\mathcal{P}(s)\mathcal{K}(s)}{1 + \mathcal{P}(s)\mathcal{K}(s)} \tag{5.1}$$

$$G_{yd}(s) = \frac{\mathcal{P}(s)}{1 + \mathcal{P}(s)\mathcal{K}(s)} \tag{5.2}$$

$$G_{ur}(s) = \frac{\mathcal{K}(s)}{1 + \mathcal{P}(s)\mathcal{K}(s)} \tag{5.3}$$

$$G_{ud}(s) = -\frac{\mathcal{P}(s)\mathcal{K}(s)}{1 + \mathcal{P}(s)\mathcal{K}(s)} \tag{5.4}$$

这里的稳定性称为**内部稳定性**。

另外，如果设：

$$\mathcal{P}(s) = \frac{N_{\mathcal{P}}(s)}{D_{\mathcal{P}}(s)}, \quad \mathcal{K}(s) = \frac{N_{\mathcal{K}}(s)}{D_{\mathcal{K}}(s)}$$

那么上述 4 个传递函数的分母多项式可以写成：

$$\phi(s) = D_{\mathcal{P}}(s)D_{\mathcal{K}}(s) + N_{\mathcal{P}}(s)N_{\mathcal{K}}(s) \tag{5.5}$$

这称为**特征多项式**。当此特征多项式的根稳定时，系统就是内部稳定的。顺带提一句，当 $\mathcal{P}(s)$ 和 $\mathcal{K}(s)$ 之间不存在不稳定的**零极点对消**（被控对象的不稳定极点与控制器的不稳定零点对消）时，只要 $G_{yr}(s)$ 是输入输出稳定的，整个闭环系统就是内部稳定的。

推导 4 个传递函数

让我们来推导式（5.1）～式（5.4）4 个传递函数。

首先，对于 y，有：

$$y(s) = \mathcal{P}(s)(d(s) + u(s)) = \mathcal{P}(s)d(s) + \mathcal{P}(s)\mathcal{K}(s)(r(s) - y(s))$$

从而得到：

$$(1 + \mathcal{P}(s)\mathcal{K}(s))y(s) = \mathcal{P}(s)\mathcal{K}(s)r(s) + \mathcal{P}(s)d(s) \tag{5.6}$$

于是有：

$$y(s) = \frac{\mathcal{P}(s)\mathcal{K}(s)}{1 + \mathcal{P}(s)\mathcal{K}(s)}r(s) + \frac{\mathcal{P}(s)}{1 + \mathcal{P}(s)\mathcal{K}(s)}d(s) \tag{5.7}$$

这样就可以得到 $G_{yr}(s)$ 和 $G_{yd}(s)$。另一方面，对于 u，有：

$$u(s) = \mathcal{K}(s)(r(s) - y(s)) = \mathcal{K}(s)r(s) - \mathcal{P}(s)\mathcal{K}(s)(d(s) + u(s))$$

从而得到：

$$(1 + \mathcal{P}(s)\mathcal{K}(s))u(s) = K(s)r(s) - \mathcal{P}(s)\mathcal{K}(s)d(s) \tag{5.8}$$

于是有：

$$u(s) = \frac{\mathcal{K}(s)}{1 + \mathcal{P}(s)\mathcal{K}(s)}r(s) - \frac{\mathcal{P}(s)\mathcal{K}(s)}{1 + \mathcal{P}(s)\mathcal{K}(s)}d(s) \tag{5.9}$$

这样就可以得到 $G_{ur}(s)$ 和 $G_{ud}(s)$。

5.1.2 时域响应特性

图 5.2 显示了从 r 到 y 的传递函数 $\mathcal{G}_{yr}$ 的典型的阶跃响应。响应波形中振荡的部分称为**瞬态特性**，经过足够长的时间后的振荡收敛的部分称为**稳态特性**。

对瞬态特性进行定量评价的指标包括：**上升时间**、**调整时间**、**峰值时间**和**超调量**（过冲）。阶跃响应从稳定值 y_∞ 的 10% 上升到 90% 所需的时间称为上升时间。阶跃响应稳定在稳定值的 ±5% 区间内所需的时间称为 5% 调整时间。阶跃响应稳定在稳定值的 ±2% 区间内所需的时间称为 2% 调整时间。达到最大超调量 A_{max} 所需的时间称为峰值时间。阶跃响应 y 超出稳定值 y_∞ 的最大值（即 $y_{max} - y_\infty$）称为超调量。

对稳态特性进行定量评价的指标为**稳态误差**。它指的是目标值与稳定值之间的差。

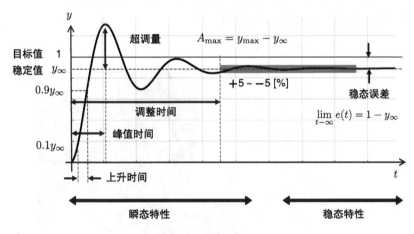

图 5.2　时域响应特性

5.1.3 频域响应特性

从 r 到 y 的传递函数 $\mathcal{G}_{yr}$ 的典型的幅频图如**图 5.3** 所示。

在图 5.3 中，**通频带 ω_{bw}** 和**峰值增益 M_p** 为描述瞬态特性的指标。幅值 $|\mathcal{G}_{yr}(j\omega)|$ 下降到直流增益（直流幅值）$|\mathcal{G}_{yr}(0)|$ 的 $\dfrac{1}{\sqrt{2}}$ 的频率称为通频带（用分贝来表示的话，则是下降 3dB 的频率）。通频带越大响应就越快。

峰值增益的定义为：

$$M_p = \max_{\omega \geqslant 0} |\mathcal{G}_{yr}(j\omega)| \tag{5.10}$$

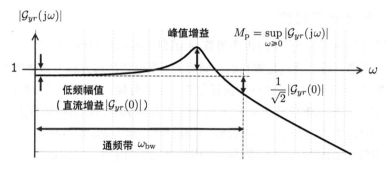

图 5.3　频域响应（幅频图）

由于幅值指的是输出信号和输入信号的振幅之间的比值，此振幅比的最大值即为峰值增益。因此在图 5.3 中，若是在峰值增益的频率附近施加输入，则输出可以大于输入。这在时域响应中对应振荡，因此它也是阻尼特性的指标。

顺便提一句，峰值增益也叫作谐振峰值。

5.1.4　闭环系统的设计规格

根据前面所讨论的指标，在控制系统设计中要求闭环系统满足以下性能指标：

- ❑ **稳定性**：闭环系统是内部稳定的。
- ❑ **快速性**：在 $\mathcal{G}_{yr}$ 的幅频图中通频带 ω_{bw} 足够大。
- ❑ **阻尼特性**：在 $\mathcal{G}_{yr}$ 的幅频图中峰值增益 M_{p} 较小。
- ❑ **稳态误差**：在 $\mathcal{G}_{yr}$ 的幅频图中直流增益 $|\mathcal{G}_{yr}(0)|=1$。

5.2　PID 控制

接下来介绍广泛用于控制器 $\mathcal{K}$ 的 PID 控制器。

PID 控制由比例、积分和微分三个单元组成。比例为 Proportional，积分为 Integral，微分为 Derivative，取各自的首字母 P、I、D，因此称为 PID 控制。

PID 控制通过针对目标值与输出之间的差（误差），采取各单元的线性和来决定控制输入。让我们考虑**图 5.4** 中的垂直驱动机械臂的角度控制。为了使机械臂的角度 $y(t)$ 尽快到达目标角度 $r(t)$，首先需要考虑的是当前角度与目标角度之间的差 $e(t) = r(t) - y(t)$。此时的 P 控制以误差 $e(t)$ 的 k_P 倍作为控制输入。然而，由于机械臂受到重力的影响，单靠 P 控制，只能使得控制输入与重力产生的扭矩相平衡，而无法达到目标角度。

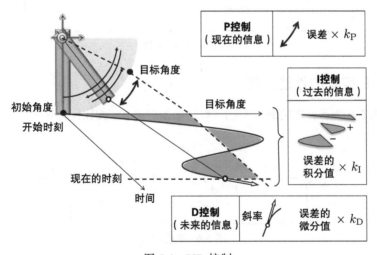

图 5.4　PID 控制

为了进一步改善，可以增加 I 控制。I 控制以误差的积分值的 k_I 倍作为控制输入。如此便能够产生超过重力扭矩的控制输入了。但是，如果过分使用 P 控制和 I 控制，则响应会变得振荡。

可以增加 D 控制来对此进行改善。D 控制以误差的微分值的 k_D 倍作为控制输入。通过利用微分信息，可以预测机械臂动作的未来状况，因此可以减少振荡的发生。

用公式来表述 PID 控制，如下所示：

$$u(t) = k_P e(t) + k_I \int_0^t e(\tau)\,\mathrm{d}\tau + k_D \dot{e}(t) \tag{5.11}$$

对其进行拉普拉斯变换则得到（如**图**5.5 所示）：

$$u(s) = k_{\text{P}}e(s) + \frac{k_{\text{I}}}{s}e(s) + k_{\text{D}}se(s) = \frac{k_{\text{D}}s^2 + k_{\text{P}}s + k_{\text{I}}}{s}e(s) \tag{5.12}$$

k_{P} 称为**比例增益**，k_{I} 称为**积分增益**，k_{D} 称为**微分增益**，需要根据控制规格来设计这些参数。

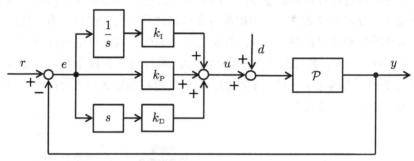

图 5.5　PID 控制

5.2.1　P 控制的性能分析

如**图**5.6 所示，P 控制为 $\mathcal{K}(s) = k_{\text{P}}$。根据误差 e，按比例计算控制输入。

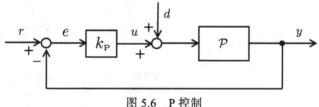

图 5.6　P 控制

让我们对垂直驱动机械臂进行 P 控制看看。**代码段** 5.1 描述了机械臂的模型：

代码段 5.1　垂直驱动机械臂的模型

```
g  = 9.81          # 重力加速度 [m/s^2]
l  = 0.2           # 机械臂的长度 [m]
M  = 0.5           # 机械臂的质量 [kg]
mu = 1.5e-2        # 黏性摩擦系数 [kg*m^2/s]
J  = 1.0e-2        # 转动惯量 [kg*m^2]

P = tf( [0,1], [J, mu, M*g*l] )

ref = 30 # 目标角度 [deg]
```

可以使用**代码段 5.2** 观察改变比例增益 k_{p} 时的阶跃响应。

代码段 5.2　采用 P 控制时的阶跃响应

```
kp = (0.5, 1, 2)

LS = linestyle_generator()
fig, ax = plt.subplots()
for i in range(3):
    K = tf([0, kp[i]], [0, 1]) # P 控制
    Gyr = feedback(P*K, 1) # 闭环系统
    y,t = step(Gyr, np.arange(0, 2, 0.01)) # 阶跃响应

    pltargs = {'ls': next(LS), 'label': '$k_P$='+str(kp[i])}
    ax.plot(t, y*ref, **pltargs)

ax.axhline(ref, color="k", linewidth=0.5)
plot_set(ax, 't', 'y', 'best')
```

图 5.7 显示了比例增益分别取 $k_{\mathrm{p}} = 0.5, 1, 2$ 时的阶跃响应。这里设 $r = 30\,\mathrm{deg}$，$d = 0$。虽然目标值为 30 deg，但是可以看到 P 控制无法使输出达到目标值。然而随着比例增益的增大，与目标值之间的差距在逐步缩小。

另外可以发现，当比例增益增大时，上升速度变快，振荡周期变短。

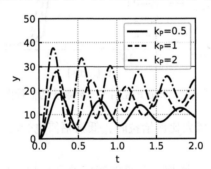

图 5.7　采用 P 控制时闭环系统的阶跃响应

接下来看一下闭环系统的伯德图。

代码段 5.3　采用 P 控制时的伯德图

```
LS = linestyle_generator()
fig, ax = plt.subplots(2, 1)

for i in range(len(kp)):
    K = tf([0, kp[i]], [0, 1]) # P 控制
```

```
    Gyr = feedback(P*K, 1) # 闭环系统
    # 伯德图
    gain, phase, w = bode(Gyr, logspace(-1,2), Plot=False)

    pltargs = {'ls': next(LS), 'label': '$k_P$='+str(kp[i])}
    ax[0].semilogx(w, 20*np.log10(gain), **pltargs)
    ax[1].semilogx(w, phase*180/np.pi, **pltargs)
bodeplot_set(ax, 'lower left')
```

执行**代码段** 5.3 后得到的伯德图如**图** 5.8 所示。首先，当增加比例增益时，伯德图会向上方移动。这就意味着低频幅值变大，同时通频带增大。另外，峰值增益也会增大。

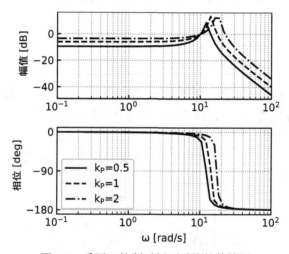

图 5.8　采用 P 控制时闭环系统的伯德图

根据上述讨论，当增大比例增益时，低频幅值也会增大，因此阶跃响应的稳态误差减小。

此外，随着通频带的增加，系统的响应速度变快。但是由于峰值增益变大了，因此系统变得更加振荡。

P 控制的性能分析

让我们用数学公式来分析一下 P 控制仿真的结

果。首先，由于：

$$\mathcal{P}(s) = \frac{1}{Js^2 + \mu s + Mg\ell} \tag{5.13}$$

$$\mathcal{K}(s) = k_{\mathrm{P}} \tag{5.14}$$

因此闭环系统为：

$$\mathcal{G}_{yr}(s) = \frac{\mathcal{P}(s)\mathcal{K}(s)}{1 + \mathcal{P}(s)\mathcal{K}(s)} = \frac{k_{\mathrm{P}}}{Js^2 + \mu s + Mg\ell + k_{\mathrm{P}}} \tag{5.15}$$

将其对应到二阶滞后系统的标准形式如下：

$$\mathcal{G}_{yr}(s) = \frac{K\omega_{\mathrm{n}}^2}{s^2 + 2\zeta\omega_{\mathrm{n}}s + \omega_{\mathrm{n}}^2}$$

$$\omega_{\mathrm{n}} = \sqrt{\frac{Mg\ell + k_{\mathrm{P}}}{J}}, \quad \zeta = \frac{\mu}{2\sqrt{J(Mg\ell + k_{\mathrm{P}})}}, \quad K = \frac{k_{\mathrm{P}}}{Mg\ell + k_{\mathrm{P}}} \tag{5.16}$$

由此可知，当增加比例增益 k_{P} 时，ω_{n} 将增大，并且响应变快。然而。由于 k_{P} 出现于 ζ 的分母中，因此 ζ 变小，系统变得振荡。于是不可能同时改善快速性和阻尼特性。另外，对于单位阶跃输入，根据终值定理，有 $y(\infty) = \lim_{s \to 0} \mathcal{G}_{yr}(s) = K$，由于 $K \neq 1$，因此无法达到目标值 1。随着 k_{P} 的增大，K 会逐渐趋近于 1，但是由于 k_{P} 不可能无限增大（输入会变得太大），所以 P 控制总是有稳态误差。

5.2.2　PD 控制

在 P 控制中，随着 k_{P} 的增大，振荡会随之变大。通过增加 D 控制，可以抑制振荡。

PD 控制如**图** 5.9 所示，为 $\mathcal{K}(s) = k_{\mathrm{D}}s + k_{\mathrm{P}}$。

执行**代码段** 5.4 得到**图** 5.10。

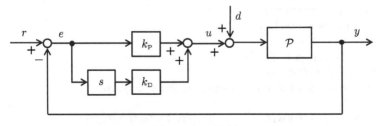

图 5.9　PD 控制

代码段 5.4 采用 PD 控制的阶跃响应

```
kp = 2
kd = (0, 0.1, 0.2)

LS = linestyle_generator()
fig, ax = plt.subplots()
for i in range(3):
    K = tf([kd[i], kp], [0, 1]) # PD 控制
    Gyr = feedback(P*K, 1) #  闭环系统
    y,t = step(Gyr,np.arange(0, 2, 0.01))

    pltargs = {'ls': next(LS), 'label': '$k_D$='+str(kd[i])}
    ax.plot(t, y*ref, **pltargs)
ax.axhline(ref, color="k", linewidth=0.5)
plot_set(ax, 't', 'y', 'best')
```

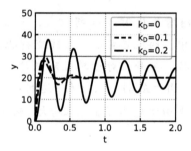

图 5.10 采用 PD 控制时闭环系统的阶跃响应

图 5.10 表示固定比例增益 $k_P = 2$ 并且改变微分增益 $k_D = 0, 0.1, 0.2$ 时的阶跃响应。可以看到通过引入 D 控制，振荡得到了抑制。但是稳态误差与 P 控制时的稳态误差一样，并不为 0。

接下来让我们来看一下闭环系统的伯德图。执行**代码段 5.5** 得到**图 5.11**。

代码段 5.5 采用 PD 控制时的伯德图

```
LS = linestyle_generator()
fig, ax = plt.subplots(2, 1)
for i in range(3):
    K = tf([kd[i], kp], [0,1])
    Gyr = feedback(P*K, 1)
    gain, phase, w = bode(Gyr, logspace(-1,2), Plot=False)

    pltargs = {'ls': next(LS), 'label': '$k_D$='+str(kd[i])}
```

```
    ax[0].semilogx(w, 20*np.log10(gain), **pltargs)
    ax[1].semilogx(w, phase*180/np.pi, **pltargs)
bodeplot_set(ax, 'lower left')
```

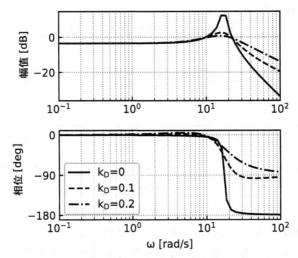

图 5.11 采用 PD 控制时闭环系统的伯德图

从图 5.11 中可以看出，当 k_D 增大时峰值增益减小。此外通频带也稍微增大。于是振荡得到了抑制，上升速度也略有增加。但是由于低频幅值没有变化，所以稳态特性并没有得到改善。

PD 控制的性能分析

让我们用数学公式来分析一下 PD 控制仿真的结果。由于 PD 控制为：

$$\mathcal{K}(s) = k_P + k_D s \tag{5.17}$$

因此闭环系统为：

$$\mathcal{G}_{yr}(s) = \frac{\mathcal{P}(s)\mathcal{K}(s)}{1 + \mathcal{P}(s)\mathcal{K}(s)} = \frac{k_D s + k_P}{Js^2 + (\mu + k_D)s + Mg\ell + k_P} \tag{5.18}$$

可以求出 $\mathcal{G}_{yr}(s)$ 的极点为：

$$s = \frac{-(\mu + k_{\mathrm{D}}) \pm \sqrt{(\mu + k_{\mathrm{D}})^2 - 4J(Mg\ell + k_{\mathrm{P}})}}{2J} \qquad (5.19)$$

实部与虚部可以分别通过调整 k_{D} 和 k_{P} 来任意决定。这就是说，快速性和阻尼特性可以同时得到改善。

与此相对的是，$G_{yr}(0)$ 的值与 P 控制时相同，因此稳态特性不变，仍然有稳态误差。

不完全微分

D 控制使用误差的微分信息。然而，理想的微分不可能作为控制器加以实现。例如，因为 PD 控制 $k_{\mathrm{D}}s + k_{\mathrm{P}}$ 是非真分的，所以无法在现实世界的电气电路中实现。因此实际上我们使用**不完全微分器**：

$$\frac{s}{1 + T_{\mathrm{lp}}s} \qquad (5.20)$$

它以下述形式实现：

$$\mathcal{K}(s) = k_{\mathrm{D}} \frac{s}{1 + T_{\mathrm{lp}}s} + k_{\mathrm{P}} \qquad (5.21)$$

其中时间常数 T_{lp} 称为**截止频率**。这是将**低通滤波器**（一阶滞后系统）叠加于微分之上的结果，是真分的函数。噪声会随着微分而增幅，但是通过增加低通滤波器，可以减轻噪声的影响。

5.2.3 PID 控制

最后为了改善稳态特性，我们引入 I 控制。

执行**代码段** 5.6，可以得到将比例增益固定在 $k_{\mathrm{P}} = 2$，微分增益固定在 $k_{\mathrm{D}} = 0.1$，并取积分增益为 $k_{\mathrm{I}} = 0, 5, 10$ 时的阶跃响应。结果如**图** 5.12 所示。

从图 5.12 可知，通过 I 控制可以使稳态误差为 0。另外可以看到，随着 k_{I} 的增大，振荡也随之增强。

代码段 5.6　采用 PID 控制时的阶跃响应

```
kp = 2
kd = 0.1
ki = (0, 5, 10)
LS = linestyle_generator()
fig, ax = plt.subplots()
for i in range(3):
    K = tf([kd, kp, ki[i]], [1, 0]) # PID 控制
    Gyr = feedback(P*K, 1) # 闭环系统
    y, t = step(Gyr, np.arange(0, 2, 0.01))

    pltargs = {'ls': next(LS), 'label': '$k_I$='+str(ki[i])}
    ax.plot(t, y*ref, **pltargs)
ax.axhline(ref, color="k", linewidth=0.5)
plot_set(ax, 't', 'y', 'upper left')
```

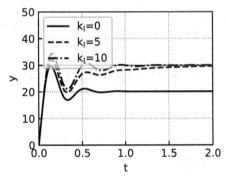

图 5.12　采用 PID 时闭环系统的阶跃响应

接下来让我们来看一下闭环系统的伯德图。执行**代码段 5.7** 可以得到**图 5.13**。从图 5.13 中可以看到，低频幅值为 0dB。

此外，峰值增益稍有变大。这就是说，虽然稳态误差为 0，但是随着增益的增大，振荡也变大了。

代码段 5.7　采用 PID 控制时的伯德图

```
LS = linestyle_generator()
fig, ax = plt.subplots(2, 1)
for i in range(3):
    K = tf([kd, kp, ki[i]], [1, 0]) # PID 控制
    Gyr = feedback(P*K, 1) # 闭环系统
    gain, phase, w = bode(Gyr, logspace(-1,2), Plot=False)

    pltargs = {'ls': next(LS), 'label': '$k_I$='+str(ki[i])}
```

```
    ax[0].semilogx(w, 20*np.log10(gain), **pltargs)
    ax[1].semilogx(w, phase*180/np.pi, **pltargs)
bodeplot_set(ax, 'best')
```

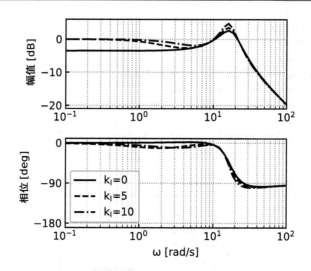

图 5.13 采用 PID 控制时闭环系统的伯德图

─── 练习题 ✐

为了研究 PID 控制的抗干扰性，试着计算由 d 至 y 的传递函数 $G_{yd}(s)$ 的阶跃响应，并画出 $G_{yd}(s)$ 的伯德图。

其中，设图 5.5 中的 $d=1$, $r=0$，被控对象 P 及控制器 K 分别与代码段 5.6 和代码段 5.7 中的一致。

● **参考答案**

执行**代码段 5.8** 得到**图 5.14**。由于目标值 r 为 0，因此希望响应 y 也能收敛到 0。从图 5.14 中可以看到，随着积分增益的增大，很明显 y 逐渐收敛到 0，因此扰动得到了抑制。

代码段 5.8 PID 控制的抗干扰性

```
LS = linestyle_generator()
fig, ax = plt.subplots()
for i in range(3):
    K = tf([kd, kp, ki[i]], [1, 0])
    Gyd = feedback(P, K)
```

```
    y, t = step(Gyd, np.arange(0, 2, 0.01))

    pltargs = {'ls': next(LS), 'label': '$k_I$='+str(ki[i])}
    ax.plot(t, y, **pltargs)
plot_set(ax, 't', 'y', 'center right')
```

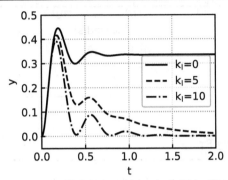

图 5.14　PID 控制的抗干扰性（G_{yd} 的阶跃响应）

接着执行**代码段** 5.9 得到**图** 5.15。由此可以看到，低频幅值为 $-\infty$ dB，低频的扰动得到了抑制。

代码段 5.9　PID 控制的抗干扰性（伯德图）

```
LS = linestyle_generator()
fig, ax = plt.subplots(2, 1)
for i in range(3):
    K = tf([kd, kp, ki[i]], [1,0])
    Gyd = feedback(P, K)
    gain, phase, w = bode(Gyd, logspace(-1,2), Plot=False)

    pltargs = {'ls': next(LS), 'label': '$k_I$='+str(ki[i])}
    ax[0].semilogx(w, 20*np.log10(gain), **pltargs)
    ax[1].semilogx(w, phase*180/np.pi, **pltargs)
bodeplot_set(ax, 'best')
```

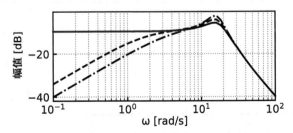

图 5.15　PID 控制的抗干扰性（G_{yd} 的伯德图）

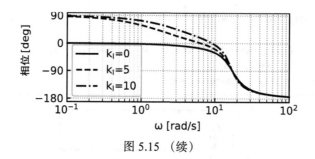

图 5.15 （续）

PID 控制的性能分析

- -

让我们用数学公式来分析一下 PID 控制仿真的结果。首先，由于：

$$\mathcal{K}(s) = \frac{k_\mathrm{D}s^2 + k_\mathrm{P}s + k_\mathrm{I}}{s} \tag{5.22}$$

因此闭环系统为：

$$\mathcal{G}_{yr}(s) = \frac{\mathcal{P}(s)\mathcal{K}(s)}{1 + \mathcal{P}(s)\mathcal{K}(s)} = \frac{k_\mathrm{D}s^2 + k_\mathrm{P}s + k_\mathrm{I}}{Js^3 + (\mu + k_\mathrm{D})s^2 + (Mg\ell + k_\mathrm{P})s + k_\mathrm{I}} \tag{5.23}$$

此时 $\mathcal{G}_{yr}(0)$ 的值为 1，因此我们得出稳态误差为 0。

接下来，从扰动 d 到输出 y 的传递函数为：

$$\mathcal{G}_{yd}(s) = \frac{\mathcal{P}(s)}{1 + \mathcal{P}(s)\mathcal{K}(s)} = \frac{s}{Js^3 + (\mu + k_\mathrm{D})s^2 + (Mg\ell + k_\mathrm{P})s + k_\mathrm{I}} \tag{5.24}$$

$\mathcal{G}_{yd}(0) = 0$，也就是说，对于阶跃状的扰动（**常值扰动**），其稳态误差为 0。

常值扰动

- -

扰动是什么原因造成的？对于机械系统，扰动可以是非线性摩擦。对于黏性摩擦这类线性摩擦可以加入到传递函数模型或状态空间模型中。但是对于库伦摩擦或是静摩擦这类非线性摩擦，就无法将其合并进传递函数模型或状态空间模型中。

可以认为它们就是产生常值扰动的原因。

5.3　二自由度控制

在实际的应用当中，很多时候使用的是 PID 控制的改良版本。下面就介绍改良版的 PID 控制以及它与**二自由度控制**的关系。

在 PID 控制中，当目标值以阶跃状变化时，控制输入 $u(t)$ 会包含微分器产生的冲激成分[⊖]。这是我们想尽量避免的情况，因此我们常使用将微分器直接连接到输出的 **PI-D 控制（微分先行 PID 控制）**，如**图 5.16** 所示。可以用如下公式表述：

$$u(s) = k_{\mathrm{P}}e(s) + \frac{k_{\mathrm{I}}}{s}e(s) - k_{\mathrm{D}}sy(s) \tag{5.25}$$

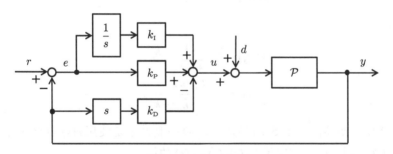

图 5.16　PI-D 控制

对于 P 控制，输入中带有阶跃状的信号，为了解决这个问题，有时也可以将输出的 k_{P} 倍而不是误差 e 的 k_{P} 倍反映到输入上，如**图 5.17** 所示。这叫作 **I-PD 控制（比例微分先行 PID 控制）**。可以用如下公式表述：

$$u(s) = -k_{\mathrm{P}}y(s) + \frac{k_{\mathrm{I}}}{s}e(s) - k_{\mathrm{D}}sy(s) \tag{5.26}$$

PI-D 控制和 I-PD 控制是在反馈控制的基础上叠加了顺馈控制的二自由度控制。接下来就对其加以介绍。

⊖　虽然实际上不是 ∞ 无穷大的信号，但仍然是非常大的输入。

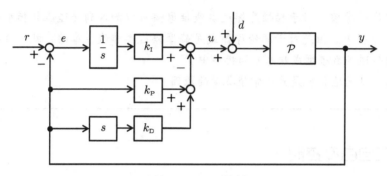

图 5.17　I-PD 控制

对于 PI-D 控制，可以计算控制输入 $u(s)$ 为：

$$
\begin{aligned}
u(s) &= \frac{k_\mathrm{p}s + k_\mathrm{I}}{s} r(s) - \frac{k_\mathrm{D}s^2 + k_\mathrm{p}s + k_\mathrm{I}}{s} y(s) \\
&= \frac{k_\mathrm{D}s^2 + k_\mathrm{p}s + k_\mathrm{I}}{s} \left(\frac{k_\mathrm{p}s + k_\mathrm{I}}{k_\mathrm{D}s^2 + k_\mathrm{p}s + k_\mathrm{I}} r(s) - y(s) \right) \quad (5.27) \\
&= \mathcal{K}_1(s)(\mathcal{K}_2(s)r(s) - y(s))
\end{aligned}
$$

其中：

$$
\mathcal{K}_1(s) = \frac{k_\mathrm{D}s^2 + k_\mathrm{p}s + k_\mathrm{I}}{s} \quad (5.28)
$$

$$
\mathcal{K}_2(s) = \frac{k_\mathrm{p}s + k_\mathrm{I}}{k_\mathrm{D}s^2 + k_\mathrm{p}s + k_\mathrm{I}} \quad (5.29)
$$

$\mathcal{K}_1(s)$ 为 PID 控制器。如**图 5.18** 所示，PI-D 控制并不是使用 $r(s)$ 与 $y(s)$ 的差的信息进行 PID 控制，而是使用了 $\mathcal{K}_2(s)r(s) - y(s)$ 的信息。

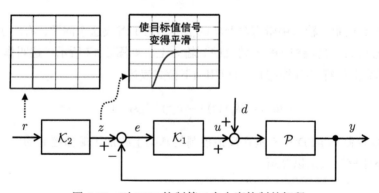

图 5.18　对 I-PD 控制等二自由度控制的解释

　　此外，由于$\mathcal{K}_2(s)$属于二阶滞后系统，因此可以将其理解成使用二阶滤波器对目标值r进行整形，并对整形后的目标值进行 PID 控制。对该目标值进行整形的部分属于顺馈控制。

　　同样，对于 I-PD 控制，$\mathcal{K}_1(s)$与 PI-D 控制的$\mathcal{K}_1(s)$相同，而$\mathcal{K}_2(s)$为：

$$\mathcal{K}_2(s) = \frac{k_\mathrm{I}}{k_\mathrm{D}s^2 + k_\mathrm{P}s + k_\mathrm{I}} \tag{5.30}$$

　　让我们通过执行**代码段 5.10** 来看一下垂直驱动机械臂的 PID 控制与 PI-D 控制以及 I-PD 控制之间的差别。

代码段 5.10　改良版 PID 控制

```
kp = 2
ki = 10
kd = 0.1

K1 = tf([kd, kp, ki], [1, 0])
K2 = tf([kp, ki], [kd, kp, ki])

# 自 z 到 y 的传递函数
Gyz = feedback(P*K1, 1)

Td = np.arange(0, 2, 0.01)
r = 1*(Td>0)

# 使用 K2 对目标值 r 进行整形
z, t, _ = lsim(K2, r, Td, 0)

fig, ax = plt.subplots(1, 2)

# PID 控制 (z=r 的情况)
y, _, _ = lsim(Gyz, r, Td, 0)
ax[0].plot(t, r*ref, color='k')
ax[1].plot(t, y*ref, ls='--', label='PID', color='k')
# PI-D 控制
y, _, _ = lsim(Gyz, z, Td, 0)
ax[0].plot(t, z*ref, color='k')
ax[1].plot(t, y*ref, label='PI-D', color='k')

ax[1].axhline(ref, color="k", linewidth=0.5)
plot_set(ax[0], 't', 'r')
plot_set(ax[1], 't', 'r', 'best')
```

图 5.19 是 PID 控制与 PI-D 控制的比较图。左图显示了 r 及使用 $\mathcal{K}_2(s)$ 整形后的信号 z，右图显示了分别使用前述输入后得到的被控对象的输出。由此可见，通过目标值滤波器 $\mathcal{K}_2(s)$，使得目标值变得平滑了。然而，由于目标值变得更加振荡，因此被控对象的输出相比 PID 控制而言其振荡也更大。

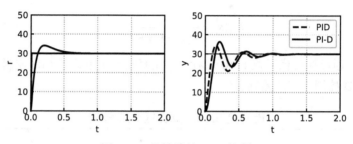

图 5.19　机械臂的 PI-D 控制

接下来让我们比较一下 PID 控制和 I-PD 控制，结果如图 5.20 所示。可以看到经过 $\mathcal{K}_2(s)$ 整形之后的信号，其振荡得到了抑制。于是被控对象的输出的振荡也得到了抑制。在 PI-D 控制中 $\mathcal{K}_2(s)$ 包含了零点，在 I-PD 控制中 $\mathcal{K}_2(s)$ 不包含零点。这就是决定是否产生振荡的原因。

```
K3 = tf([0, ki], [kd, kp, ki])
z, t, _ = lsim(K3, r, Td, 0)
```

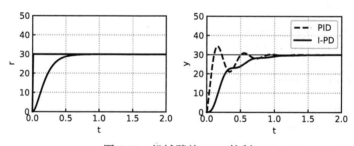

图 5.20　机械臂的 I-PD 控制

原本采用改良版 PID 控制的目的是将急剧变化的目标值通过整形使其变得平滑，从而防止控制输入 u 过大。让我们来确认一下 PI-D 控制和 I-PD 控制是否达成了这个目的。使用上面例子中的数值求取控制输入 u，得到如图 5.21 所示的结果（只描绘了从 0 秒到 0.5 秒的部分）。

可以看到，相对于 PID 控制在施加了阶跃输入之后产生过大的输入信号，PI-D 控制（左图）和 I-PD 控制（右图）则产生较小的输入信号。

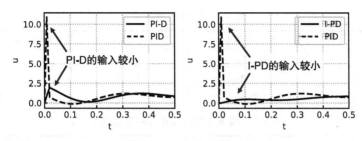

图 5.21　比较控制输入 u

5.4　使用临界比例度法进行增益调整

常见的调整 PID 增益的方法有**临界比例度法**和阶跃响应法。这里介绍临界比例度法。临界比例度法是一种启发式的调整方法，其优点是不需要知道被控对象的模型。但是它也有缺点：必须重复进行实验以及需要将机器运行在临界比例度（极度接近不稳定状态）的附近。

在使用临界比例度法时，首先搭建 P 控制系统，逐渐增大比例增益 k_P。于是，振荡也逐渐变大，并产生了持续振荡。接下来调查此时的比例增益 k_{P0} 和持续振荡的周期 T_0。在理想的一阶滞后系统和二阶滞后系统中，即使增大比例增益也不会产生持续振荡，但是对于实际的系统，由于存在微小的**延迟时间**，受其影响会产生持续振荡，即如果增大增益，则系统会不稳定（见**图 5.22**）。

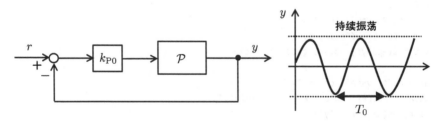

图 5.22　临界比例度法的概念图

接下来，我们将根据**表 5.1** 及其改良版的**表 5.2** 来确定比例增益 k_P、**积分时间常数** T_I 以及**微分时间常数** T_D。对于 PID 控制，有：

$$u(t) = k_P \left(e(t) + \frac{1}{T_I} \int_0^t e(t)\,\mathrm{d}t + T_D \frac{\mathrm{d}}{\mathrm{d}t} e(t) \right) \tag{5.31}$$

其中 $k_I = \dfrac{k_P}{T_I}$，$k_D = k_P T_D$。

表 5.1 临界比例度法

	比例增益 k_p	积分时间常数 T_I	微分时间常数 T_D
P 控制	0.5 k_{P0}		
PI 控制	0.45 k_{P0}	0.83 T_0	
PID 控制	0.6 k_{P0}	0.5 T_0	0.125 T_0

表 5.2 表 5.1 的改良版（PID 控制）

	比例增益 k_p	积分时间常数 T_I	微分时间常数 T_D
无过冲	0.2 k_{P0}	0.5 T_0	0.33 T_0

让我们假设在作为被控对象的二阶滞后系统（如垂直驱动机械臂，见**代码段 5.1**）中存在微小的延迟时间。延时系统可以表示为 e^{-hs} 这样的无穷维系统，可以通过**帕德近似**将其近似为有理函数。接下来将使用一阶帕德近似。延迟时间设为 0.005。

```
num_delay, den_delay = pade( 0.005, 1) # 延时系统
Pdelay = P * tf(num_delay, den_delay) # P 为机械臂的模型
```

当我们将比例增益 k_{P0} 设置为 2.9 左右并施加 P 控制时，会产生如**图 5.23** 所示的持续振荡。从图 5.23 中测算持续振荡的周期，可以得到 $T_0 = 0.3$。根据表 5.1，可以求出各 PID 增益。

代码段 5.11 临界比例度法

```
fig, ax = plt.subplots()

kp0 = 2.9
K = tf([0, kp0], [0, 1])
Gyr = feedback(Pdelay*K, 1)
y,t = step(Gyr, np.arange(0, 2, 0.01))

ax.plot(t, y*ref, color='k')
ax.axhline(ref, color="k", linewidth=0.5)
plot_set(ax, 't', 'y')
```

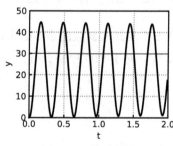

图 5.23 持续振荡

　　图 5.24 为使用调整后的 PID 增益所得到的结果（执行**代码段** 5.12）。从图
5.24 中可以看到，通过临界比例度法调整后得到了不错的响应结果。其中改良版
甚至都不会产生过冲。

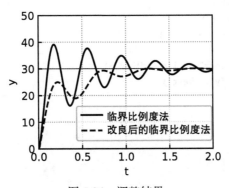

图 5.24　调整结果

代码段 5.12　增益调整的结果

```
kp = [0, 0]
ki = [0, 0]
kd = [0, 0]
Rule = ['', '']

T0 = 0.3
# 临界比例度法 (Classic)
Rule[0] = 'Classic'
kp[0] = 0.6 * kp0
ki[0] = kp[0] / (0.5 * T0)
kd[0] = kp[0] * (0.125 * T0)

# 改良版临界比例度法 (No overshoot)
Rule[1] = 'No Overshoot'
kp[1] = 0.2 * kp0
ki[1] = kp[1] / (0.5 * T0)
kd[1] = kp[1] * (0.33 * T0)

LS = linestyle_generator()
fig, ax = plt.subplots()

for i in range(2):
    K = tf([kd[i], kp[i], ki[i]], [1, 0])
    Gyr = feedback(Pdelay*K, 1)
    y, t = step(Gyr, np.arange(0, 2, 0.01))
```

```
    ax.plot(t, y*ref, ls=next(LS), label=Rule[i])

    print(Rule[i])
    print('kP=', kp[i])
    print('kI=', ki[i])
    print('kD=', kd[i])
    print('------------------')

ax.axhline(ref, color="k", linewidth=0.5)
plot_set(ax, 't', 'y', 'best')
```

```
Classic
kP= 1.74
kI= 11.6
kD= 0.06525
------------------
No Overshoot
kP= 0.58
kI= 3.8666666666666667
kD= 0.05742
------------------
```

5.5 使用模型匹配法进行增益调整

所谓**模型匹配法**是通过指定合适的**标准模型** $\mathcal{M}(s)$，使从目标值 r 至控制量 y 的传递函数 $\mathcal{G}_{yr}(s)$ 的响应与标准模型的响应一致（或者至少接近），如**图 5.25** 所示。

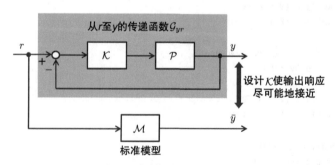

图 5.25 模型匹配法的概念图

标准模型常常选用**二项式系数标准型**和**巴特沃斯标准型**。例如，二阶系统的标准模型是（见**图 5.26**）：

$$\mathcal{M}(s)=\frac{\omega_n^2}{s^2+2\zeta\omega_n s+\omega_n^2} \tag{5.32}$$

当我们设阻尼系数 ζ 为 $\zeta=1$ 时，即为二项式系数标准型；设 $\zeta=\dfrac{1}{\sqrt{2}}$ 时即为巴特沃斯标准型。

无阻尼自然振荡频率 ω_n 为决定快速性的参数，其值越大控制系统的启动上升就越快。

三阶系统的标准模型为（见**图 5.27**）：

$$\mathcal{M}(s)=\frac{\omega_n^3}{s^3+\alpha_2\omega_n s^2+\alpha_1\omega_n^2 s+\omega_n^3} \tag{5.33}$$

当 $(\alpha_1,\ \alpha_2)=(3,3)$ 时该模型为二项式系数标准型，当 $(\alpha_1,\ \alpha_2)=(2,2)$ 时该模型为巴特沃斯标准型。此外还有 **ITAE 最小标准型**。它能使误差绝对值的时间加权积分 $\int_0^t \tau\,|e(\tau)|\,d\tau$ 的值最小化，可通过设置式（5.33）中的 $(\alpha_1,\ \alpha_2)=(2.15,1.75)$ 来得到。

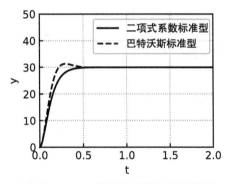

图 5.26　二阶滞后系统的标准模型

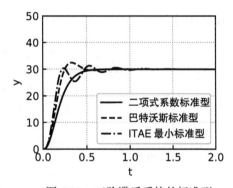

图 5.27　三阶滞后系统的标准型

模型匹配法求取从 r 至 y 的传递函数 $\mathcal{G}_{yr}(s)$，并计算 $\dfrac{1}{\mathcal{G}_{yr}(s)}$ 和 $\dfrac{1}{\mathcal{M}(s)}$ 的麦克劳林展开式。然后从低次项开始，按顺序使其与标准模型一致，从而确定 PID 增益。

让我们来看一下机械臂的 PI-D 控制系统的模型匹配。首先，从 r 至 y 的传递函数为：

$$\mathcal{G}_{yr}(s)=\frac{k_P s+k_I}{Js^3+(\mu+k_D)s^2+(Mg\ell+k_P)s+k_I} \tag{5.34}$$

让我们试着将其匹配到式（5.32）的二阶标准模型 $\mathcal{M}(s)$。首先，求取 $\dfrac{1}{\mathcal{G}_{yr}(s)}$ 的麦克劳林展开式。手工计算有些烦琐，所以我们使用 Sympy 模块如**代码段**

5.13 所示。

代码段 5.13   求取 $\dfrac{1}{G_{yr}}$ 的麦克劳林展开式

```
import sympy as sp
s = sp.Symbol('s')
kp, kd, ki = sp.symbols('k_p k_d k_i')
Mgl, mu, J = sp.symbols('Mgl mu J')
sp.init_printing()

G = (kp*s+ki)/(J*s**3 +(mu+kd)*s**2 + (Mgl + kp)*s + ki)
sp.series(1/G, s, 0, 4)
```

结果为:

$$1+s^2\left(-\frac{Mglk_p}{k_i^2}+\frac{k_d}{k_i}+\frac{\mu}{k_i}\right)+s^3\left(\frac{J}{k_i}+\frac{Mglk_p^2}{k_i^3}-\frac{k_dk_p}{k_i^2}-\frac{k_p\mu}{k_i^2}\right)+\frac{Mgls}{k_i}+O(s^4)$$

由此得到:

$$\frac{1}{G_{yr}(s)}=1+\frac{Mg\ell}{k_I}s+\left(\frac{\mu+k_D}{k_I}-Mg\ell\frac{k_P}{k_I^2}\right)s^2+$$

$$\left(\frac{J}{k_I}-\frac{k_P(\mu+k_D)}{k_I^2}+Mg\ell\frac{k_P^2}{k_I^3}\right)s^3+\cdots \tag{5.35}$$

另外, $\dfrac{1}{\mathcal{M}(s)}$ 为:

$$\frac{1}{\mathcal{M}(s)}=1+\frac{2\zeta}{\omega_n}s+\frac{1}{\omega_n^2}s^2 \tag{5.36}$$

接下来求取 k_P 、 k_I 、 k_D ,使 $\dfrac{1}{G_{yr}(s)}$ 与 $\dfrac{1}{\mathcal{M}(s)}$ 的 s 的 1 次、2 次和 3 次项分别一致。

使用 Sympy 进行计算,如**代码段 5.14** 所示。

代码段 5.14   模型匹配

```
import sympy as sp
z, wn = sp.symbols('zeta omega_n')
kp, kd, ki = sp.symbols('k_p k_d k_i')
Mgl,mu,J = sp.symbols('Mgl mu J')
sp.init_printing()

f1 = Mgl/ki-2*z/wn
f2 = (mu+kd)/ki-Mgl*kp/(ki**2)-1/(wn**2)
```

```
f3 = J/ki-kp*(mu+kd)/(ki**2)+Mgl*kp**2/(ki**3)
sp.solve([f1, f2, f3],[kp, kd, ki])
```

结果为：

$$\left[\left(J\omega_n^2,\quad 2J\omega_n\zeta+\frac{Mgl}{2\omega_n\zeta}-\mu,\quad \frac{Mgl\omega_n}{2\zeta}\right)\right]$$

根据上面的结果，我们得到：

$$k_P=\omega_n^2 J,\quad k_I=\frac{\omega_n Mg\ell}{2\zeta},\quad k_D=2\zeta\omega_n J+\frac{Mg\ell}{2\zeta\omega_n}-\mu \tag{5.37}$$

利用上述结果，执行**代码段**5.15，得到**图**5.28。

代码段5.15　　使用模型匹配法进行增益调整的结果

```
# 标准模型
omega_n = 15
zeta = 0.707
Msys = tf([0,omega_n**2], [1,2*zeta*omega_n,omega_n**2])
# 模型匹配
kp = omega_n**2*J
ki = omega_n*M*g*l/(2*zeta)
kd = 2*zeta*omega_n*J + M*g*l/(2*zeta*omega_n) - mu
Gyr = tf([kp,ki], [J, mu+kd, M*g*l+kp, ki])

yM, tM = step(Msys, np.arange(0, 2, 0.01))
y, t = step(Gyr, np.arange(0, 2, 0.01))

fig, ax = plt.subplots()
ax.plot(tM,yM*ref,label='M', color='k')
ax.plot(t,y*ref,label='Gyr', color='k')
plot_set(ax, 't', 'y', 'best')
```

可以从图 5.28 看到，闭环系统 $G_{yr}(s)$ 的响应与标准模型 $M(s)$ 的响应是完全一致的。

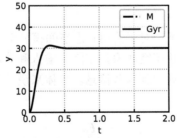

图 5.28　使用模型匹配法的设计结果

练习题 🖉

考虑机械臂的 I-PD 控制。试求取使闭环系统 $\mathcal{G}_{yr}(s)$ 与三阶标准模型完全一致的 PID 增益 k_P、k_I、k_D。

● **参考答案**

I-PD 控制系统的从 r 到 y 的传递函数为:

$$\mathcal{G}_{yr}(s) = \frac{k_I}{Js^3 + (\mu + k_D)s^2 + (Mg\ell + k_P)s + k_I} \tag{5.38}$$

接下来使其与三阶标准模型一致。$\dfrac{1}{\mathcal{G}_{yr}(s)}$ 和 $\dfrac{1}{\mathcal{M}(s)}$ 分别为:

$$\frac{1}{\mathcal{G}_{yr}(s)} = 1 + \frac{Mg\ell + k_P}{k_I}s + \frac{\mu + k_D}{k_I}s^2 + \frac{J}{k_I}s^3 \tag{5.39}$$

$$\frac{1}{\mathcal{M}(s)} = 1 + \frac{\alpha_1}{\omega_n}s + \frac{\alpha_2}{\omega_n^2}s^2 + \frac{1}{\omega_n^3}s^3 \tag{5.40}$$

因此,我们得到:

$$k_P = J\alpha_1\omega_n^2 - Mg\ell, \; k_I = J\omega_n^3, \; k_D = J\alpha_2\omega_n - \mu \tag{5.41}$$

在上述机械臂的 PI-D 控制和 I-PD 控制的例子中 $\dfrac{1}{\mathcal{G}_{yr}(s)}$ 与 $\dfrac{1}{\mathcal{M}(s)}$ 是完全一致的,但是有时候也存在无法完全一致的情况。

这时需要从低次项开始按顺序使其达到部分一致。

另外,当我们注重目标值追随特性的时候应当使用 $\mathcal{G}_{yr}(s)$,而当我们注重抗干扰性的时候应当使用 $\mathcal{G}_{yd}(s)$。

5.6 状态反馈控制

接下来我们来研究一下,对于使用状态空间模型 $\dot{x} = Ax + Bu$ 表述的系统,该如何进行控制器设计。在状态空间模型中除了输入和输出,还存在状态。这里我们假定可以通过传感器等观测到这些信息。具体来说,我们考虑如下的**状态反馈控制**:

$$u = Fx \tag{5.42}$$

通过利用状态 x 的信息，来确定控制输入 u。这里的 F 称为**状态反馈增益**。

可以将状态反馈控制看作一种 PD 控制。对于手推车系统，可以将手推车的位置 z 和速度 $\dot{z}$ 当作状态。此时，式（5.42）就可以写作：

$$u = Fx = f_1 z + f_2 \dot{z} \qquad (5.43)$$

这就是 PD 控制（f_1 为比例增益，f_2 为微分增益）。

另外，在状态反馈控制中设计的是状态反馈增益 F（见**图 5.29**），其中具有代表性的方法有两种，使用"**极点配置法**"和使用"**最优调节器**"。

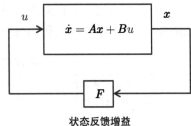

状态反馈增益

图 5.29　状态反馈控制

5.6.1　极点配置法

将状态反馈控制 $u = Fx$ 施加于系统 $\dot{x} = Ax + Bu$ 之后，闭环系统就可以写成下述形式：

$$\dot{x} = (A + BF)x \qquad (5.44)$$

若矩阵 $A + BF$ 的全部极点的实部都是负数，则系统是稳定的。因此需要设计 F 使其满足前述条件。

在极点配置法中首先指定 $A + BF$ 的特征值。具体来说，需要准备与状态数相同数量的实部为负数的特征值[⊖]。

接下来，我们需要寻找 F，使 $A + BF$ 的特征值能够成为我们指定的值。可以使用 Python 中提前准备好的方便的函数 acker，它实装了**阿克曼极点配置算法**。

```
A = '0 1; -4 5'
B = '0; 1'
C = '1 0 ; 0 1'
D = '0; 0'
P = ss(A, B, C, D)

Pole = [-1, -1]
F = -acker(P.A, P.B, Pole)
```

函数 acker 的参数为 A、B 以及指定的闭环极点。由于返回值是使 $A - BF$ 的特征值为指定极点的 F，因此将带有负号的部分作为 F。这样就得到了使 $A + BF$

⊖　如果是复数，就必须指定共轭复数对。

的特征值为指定极点的 F。

让我们执行 `np.linalg.eigvals(P.A+P.B*F)` 来请确认一下特征值。其结果为 `array([-1., -1.])`，可以看到成功进行了极点配置。

让我们来看一下此时闭环系统 $\dot{x}=(A+BF)x$ 的行为。设初始状态为 $x(0)=[-0.3\ 0.4]^T$，执行**代码段** 5.16 得到**图** 5.30。由此可知状态 x 收敛到了 0。

代码段 5.16　状态反馈控制

```
Acl = P.A + P.B*F
Pfb = ss(Acl, P.B, P.C, P.D)

Td = np.arange(0, 5, 0.01)
X0 = [-0.3, 0.4]
x, t = initial(Pfb, Td, X0)

fig, ax = plt.subplots()
ax.plot(t, x[:,0], label = '$x_1$')
ax.plot(t, x[:,1], ls = '-.', label = '$x_2$')
plot_set(ax, 't', 'x', 'best')
```

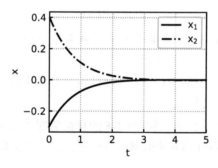

图 5.30　状态反馈控制（极点配置法）

特征值的选定方法

被控对象的行为特征由复平面上最靠近虚轴的带有实部的极点（**代表极点**）赋予。接下来我们以二阶滞后系统的响应特征为例来看看一般的被控对象（高阶滞后系统）的理想的响

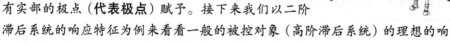

应特征。

考虑下述系统：

$$\mathcal{P}(s)=\frac{\omega_{\mathrm{n}}^2}{s^2+2\zeta\omega_{\mathrm{n}}s+\omega_{\mathrm{n}}^2}\qquad(5.45)$$

对于阻尼特性我们知道，当 $\zeta>\dfrac{1}{\sqrt{2}}$ 时，阶跃响应的振荡将很快衰减$^{\ominus}$。当 $1>\zeta>\dfrac{1}{\sqrt{2}}$ 时，二阶滞后系统的极点为 $\lambda=-\zeta\omega_{\mathrm{n}}\pm\mathrm{j}\omega_{\mathrm{n}}\sqrt{1-\zeta^2}$，我们只要选择满足 $|\,\mathrm{Im}[\lambda]\,|<|\,\mathrm{Re}[\lambda]\,|$ 的极点就可以了（如**图 5.31** 的左图所示的灰色区域）。

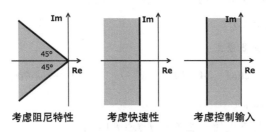

图 5.31　闭环极点的位置

接下来，由于阶跃响应的 5% 调整时间约为 $\dfrac{3}{\zeta\omega_{\mathrm{n}}}{}^{\ominus}$，因此当我们想要的调整时间为 T_{s} 时，需要满足 $\dfrac{3}{\zeta\omega_{\mathrm{n}}}<T_{\mathrm{s}}$。二阶滞后系统的极点为 $\lambda=-\zeta\omega_{\mathrm{n}}\pm\mathrm{j}\omega_{\mathrm{n}}\sqrt{1-\zeta^2}$，所以只要实部小于 $-\dfrac{3}{T_{\mathrm{s}}}$ 即可（如图 5.31 的中间图所示的灰色区域）。

最后，考虑控制输入的大小，极点实部的负值越大，反馈增益就越大。因此，需要选取实部的负值不至于太大的极点（如图 5.31 的右图所示的灰色区域）。

$\ominus$ 　如 4.1 节所述，过冲为：

$$A_{\max}=y_{\max}-y_{\infty}=K\exp\left(-\frac{\pi\zeta}{\sqrt{1-\zeta^2}}\right)$$

当 $\zeta=\dfrac{1}{\sqrt{2}}$ 时，$A_{\max}=K\exp(-\pi)=0.043K$。若 $1>\zeta>\dfrac{1}{\sqrt{2}}$，过冲就小于 5%。

$\ominus$ 　阶跃响应的收敛速度由极点的实部大小决定。具体来说，$\mathrm{e}^{-\zeta\omega_{\mathrm{n}}t}$ 达到 0.05 以下的时间 t 为**调整时间**。因此有 $t=\dfrac{\ln 20}{\zeta\omega_{\mathrm{n}}}\approx\dfrac{3}{\zeta\omega_{\mathrm{n}}}$。

使用直接法进行极点配置

这里介绍手工计算极点配置法的方法。

首先指定闭环极点 $p_1, p_2, \cdots, p_n$。

接下来计算：

$$(s - p_1)(s - p_2)\cdots(s - p_n) = s^n + \delta_{n-1}s^{n-1} + \cdots + \delta_1 s + \delta_0$$

求得系数 $\delta_{n-1}, \cdots, \delta_1, \delta_0$。

接着计算特征多项式：

$$\det(s\boldsymbol{I} - (\boldsymbol{A} + \boldsymbol{BF})) = s^n + \alpha_{n-1}s^{n-1} + \cdots + \alpha_1 s + \alpha_0$$

求得 $\alpha_{n-1}, \cdots, \alpha_1, \alpha_0$。

最后计算满足下式的增益 $\boldsymbol{F} = [f_1 f_2 \cdots f_n]$：

$$\alpha_0 = \delta_0, \ \alpha_1 = \delta_1, \cdots, \ \alpha_{n-1} = \delta_{n-1}$$

5.6.2 最优调节器

我们已经知道通过极点配置法可以进行反馈增益设计。但是存在下述问题：

1）特征值的实部的负值越大响应就越快，但同时反馈增益 $\boldsymbol{F}$ 也会变大使得输入变大。

2）在状态变量中可能会出现振幅较大的变量。

为了解决这些问题，可以设定某个评价指标，并求取状态反馈增益使评价指标最小化。

对于 $\boldsymbol{Q} = \boldsymbol{Q}^{\mathrm{T}} > 0, \boldsymbol{R} = \boldsymbol{R}^{\mathrm{T}} > 0$，有下述评价函数：

$$J = \int_0^\infty \boldsymbol{x}^{\mathrm{T}}(t)\boldsymbol{Q}\boldsymbol{x}(t) + u^{\mathrm{T}}(t)\boldsymbol{R}u(t)\mathrm{d}t \tag{5.46}$$

使其最小化的控制器的形式为 $u = \boldsymbol{F}_{\mathrm{opt}}\boldsymbol{x}$，其中 $\boldsymbol{F}_{\mathrm{opt}}$ 的值为：

$$\boldsymbol{F}_{\mathrm{opt}} = -\boldsymbol{R}^{-1}\boldsymbol{B}^{\mathrm{T}}\boldsymbol{P} \tag{5.47}$$

其中 $\boldsymbol{P} = \boldsymbol{P}^{\mathrm{T}} > 0$，为满足下述**黎卡提方程**的唯一正定对称解：

$$A^\mathrm{T}P + PA + PBR^{-1}B^\mathrm{T}P + Q = 0 \qquad (5.48)$$

J的最小值为$x(0)^\mathrm{T}Px(0)$。

像这样通过评价函数的最优化得到的状态反馈控制称为**最优调节器**。

此外，Q通常设置为对角矩阵，比如设：

$$Q = \begin{bmatrix} q_1 & 0 \\ 0 & q_2 \end{bmatrix} \qquad (5.49)$$

则有：

$$x^\mathrm{T}(t)Qx(t) = q_1 x_1^2(t) + q_2 x_2^2(t) \qquad (5.50)$$

若我们想让x_1比x_2更快收敛到 0 时，就设定$q_1 > q_2$。另外，当u为 1 时，R为标量。将R设置得较大时，可以预期得到不会让输入随之变得太大的反馈增益F。

在 Python 中可以使用 lqr 来设计最优调节器（见**图 5.32**）。

```
Q = [ [100, 0], [0, 1]]
R = 1

F, X, E = lqr(P.A, P.B, Q, R)
F = -F
print('---   反馈增益    ---')
print(F)
print(-(1/R)*P.B.T*X)
print('--- 闭环极点 ---')
print(E)
print(np.linalg.eigvals(P.A+P.B*F))
```

```
---   反馈增益    ---
[[ -6.77032961 -11.28813639]]
[[ -6.77032961 -11.28813639]]
--- 闭环极点 ---
[-3.1440682+0.94083196j -3.1440682-0.94083196j]
[-3.14406819+0.94083198j -3.14406819-0.94083198j]
```

F 为反馈增益，X 为黎卡提方程的解，E 为闭环系统的极点。通过 lqr，求出$u(t) = -Fx(t)$中的F，因此需要设 F = -F。由此得到了稳定的$A + BF$。基于黎卡提方程的解，通过计算 -(1/R) * (P.B.T) * X 就可以求出反馈增益F_{opt}。另外使用 care 可以得到同样的结果。

```
X, E, F = care(P.A, P.B, Q, R)
```

```
F = -F
print('---      反馈增益       ---')
print(F)
print('--- 闭环极点  ---')
print(E)
```

```
---      反馈增益       ---
[[ -6.77032961 -11.28813639]]
--- 闭环极点  ---
[-3.1440682+0.94083196j -3.1440682-0.94083196j]
```

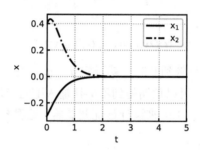

图 5.32   状态反馈控制（最优调节器）

此外，使用最优调节器的反馈增益 F_{opt} 时，$A+BF_{opt}$ 的特征值是稳定的。其特征值与下述**哈密尔顿矩阵**的稳定的特征值一致：

$$H = \begin{bmatrix} A & -BR^{-1}B^{T} \\ -Q & -A^{T} \end{bmatrix} \tag{5.51}$$

因此，即使不求解黎卡提方程，也可以通过求取 H 的稳定特征值的极点配置法来求得 F_{opt}，并得到同样的结果（见**代码段 5.17**）。

代码段 5.17   求取哈密尔顿矩阵的特征值

```
H1 = np.c_[P.A, -P.B*(1/R)*P.B.T]
H2 = np.c_[ Q, P.A.T]
H = np.r_[H1, -H2]
eigH = np.linalg.eigvals(H)
print(eigH)

print('--- 哈密尔顿矩阵的稳定特征值 ---')
eigH_stable = [ i for i in eigH if i < 0] # 取出实部为负数的特征值
print(eigH_stable)

F = -acker(P.A, P.B, eigH_stable)
```

```
print('---      反馈增益          ---')
print(F)
```

```
[-3.14406819+0.94083198j -3.14406819-0.94083198j
  3.14406819+0.94083198j 3.14406819-0.94083198j]
---  取出实部为负数的特征值   ---
[(-3.1440681937792814+0.9408319760374388j),
 (-3.1440681937792814-0.9408319760374388j)]
---      反馈增益          ---
[[ -6.77032961 -11.28813639]]
```

代码段 5.17 中的 np.c_[A, B] 和 np.r_[A, B] 的目的是对数组进行连接。也可以采用 np.hstack((A, B)) 和 np.vstack((A, B)) 来达到同样的效果。

积分型随动系统

当被控对象受到常值（或者缓慢振荡的）扰动 d 的影响时 $(u+d)$，状态无法收敛到 0，如**图 5.33a** 所示。

```
Pole = [-1, -1]
F = -acker(P.A, P.B, Pole)
Acl = P.A + P.B*F
Pfb = ss(Acl, P.B, P.C, P.D) # 稳定在状态 FB 的系统

Td = np.arange(0, 8, 0.01)
Ud = 0.2 * (Td>0) # 阶跃状的扰动
x, t, _ = lsim(Pfb, Ud, Td, [-0.3, 0.4])

fig, ax = plt.subplots()
ax.plot(t, x[:,0], label = '$x_1$')
ax.plot(t, x[:,1], ls = '-.', label = '$x_2$')
plot_set(ax, 't', 'x', 'best')
```

解决此问题的办法之一为使用**积分型随动系统**。将输出 y 和目标值 r 的差进行积分，并将其加到输入上，即：

$$u(t) = \boldsymbol{F}\boldsymbol{x}(t) + G\int_0^t (r - y(\tau))\,\mathrm{d}\tau \qquad (5.52)$$

虽然状态控制对应于 PD 控制，但是积分型随动对应于 PID 控制（正确地说，

是 I-PD 控制）。

让我们考虑对被控对象施加常值扰动的情况。

$$\begin{cases} \dot{x}(t) = Ax(t) + B(u(t)+d) \\ y(t) = Cx(t) \end{cases} \tag{5.53}$$

假设积分器的状态为 w，则有 $\dot{w}(t) = r - y(t) = r - Cx(t)$。用其对状态进行扩张，其中 $r = 0$。

$$\begin{cases} \begin{bmatrix} \dot{x}(t) \\ \dot{w}(t) \end{bmatrix} = \begin{bmatrix} A & 0 \\ -C & 0 \end{bmatrix} \begin{bmatrix} x(t) \\ w(t) \end{bmatrix} + \begin{bmatrix} B \\ 0 \end{bmatrix} u(t) + \begin{bmatrix} B \\ 0 \end{bmatrix} d \\ y(t) = \begin{bmatrix} C & 0 \end{bmatrix} \begin{bmatrix} x(t) \\ w(t) \end{bmatrix} \end{cases} \tag{5.54}$$

$$x_e = \begin{bmatrix} x(t) \\ w(t) \end{bmatrix}, \quad A_e = \begin{bmatrix} A & 0 \\ -C & 0 \end{bmatrix}, \quad B_e = \begin{bmatrix} B \\ 0 \end{bmatrix}, \quad C_e = \begin{bmatrix} C & 0 \end{bmatrix} \tag{5.55}$$

此时的控制规则为：

$$u(t) = \begin{bmatrix} F & G \end{bmatrix} \begin{bmatrix} x(t) \\ w(t) \end{bmatrix} \tag{5.56}$$

$F_e = \begin{bmatrix} F & G \end{bmatrix}$ 为针对扩张系统的状态反馈增益。状态反馈增益 F_e 的设计方法与通常的状态反馈控制相同。如此，对于常值扰动的状态就会收敛到 0 了，详细说明从略。执行**代码段 5.18** 可以得到图 5.33b，从中可以看到状态收敛于 0。通过构建积分型随动系统，可以使输出 y 追随一定的目标值 r。

代码段 5.18   积分型随动系统

```
A = '0 1; -4 5'
B = '0; 1'
C = '1 0'
D = '0'
P = ss(A, B, C, D)
# 扩张系统
Ae1 = np.c_[P.A, np.zeros((2,1))]
Ae = np.r_[ Ae1, -np.c_[ P.C, 0 ] ]
Be = np.c_[ P.B.T, 0 ].T
Ce = np.c_[ P.C, 0 ]
# 对于扩张系统的状态反馈控制
Pole = [-1, -1, -5]
Fe = -acker(Ae, Be, Pole)
```

```
# 闭环系统
Acl = Ae + Be*Fe
Pfb = ss(Acl, Be, np.eye(3), np.zeros((3,1)))

Td = np.arange(0, 8, 0.01)
Ud = 0.2 * (Td>0) # 阶跃状的扰动
x, t, _ = lsim(Pfb, Ud, Td, [-0.3, 0.4, 0])

fig, ax = plt.subplots()
ax.plot(t, x[:,0], label = '$x_1$')
ax.plot(t, x[:,1], ls = '-.',label = '$x_2$')
plot_set(ax, 't', 'x', 'best')
```

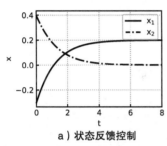 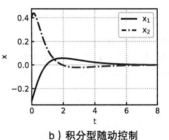

a）状态反馈控制　　　　b）积分型随动控制

图 5.33　存在输入扰动的情况

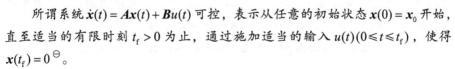

可控性

　　在进行状态反馈控制增益的极点配置设计时，为了能够对任意的指定极点进行极点配置，需要系统是**可控的**。

　　所谓系统 $\dot{x}(t) = Ax(t) + Bu(t)$ 可控，表示从任意的初始状态 $x(0) = x_0$ 开始，直至适当的有限时刻 $t_f > 0$ 为止，通过施加适当的输入 $u(t)(0 \leqslant t \leqslant t_f)$，使得 $x(t_f) = 0$ ⊖。

　　可以通过构筑下述**可控性矩阵**，并观察它是否满秩来判断可控性：

⊖　对于连续时间的线性时不变系统，如果其为可控的，则从任意的初始状态 x_0 开始可以到达任意的最终状态 x_f（称为**可达性**）。

$$U_c = [\begin{array}{ccccc} B & AB & A^2B & \cdots & A^{n-1}B \end{array}] \tag{5.57}$$

即，确认是否有 $\mathrm{rank} U_c = n$。顺便说一句，当 U_c 为方块矩阵时，可以直接确认 U_c 是否可逆。例如，可以观察是否存在 $\det U_c \neq 0$。

在 Python 中，可以使用 ctrb 函数来求得可控性矩阵 U_c。

其中，参数为 A 矩阵和 B 矩阵，返回值为 U_c。

```
A = '0 1; -4 5'
B = '0; 1'
C = '1 0'
D = '0'
P = ss(A, B, C, D)

Uc = ctrb(P.A, P.B)
print('Uc=\n',Uc)
print('det(Uc)=', np.linalg.det(Uc))
print('rank(Uc)=', np.linalg.matrix_rank(Uc))
```

```
Uc=
[[0 1]
 [1 5]]
det(Uc)= -1.0
rank(Uc)= 2
```

可观测性

让我们考虑推测系统初始值的问题。当从初始时刻开始直至有限时刻 t_f 为止的输出 $y(t)$ 以及输入 $u(t)$ 可以唯一确定初始状态 $x(0)$ 的时候，我们称该系统为**可观测的**。第 7 章中将会讲到观测器的设计，其中就会用到系统的可观测性。

可以通过构筑下述**可观测性矩阵**，并确认其是否满秩来判断可观测性：

$$U_o = \begin{bmatrix} C \\ CA \\ CA^2 \\ \vdots \\ CA^{n-1} \end{bmatrix} \tag{5.58}$$

即，确认是否有 $\mathrm{rank}\,U_{o}=n$。顺便说一句，当 U_{o} 为方块矩阵时，可以直接确认 U_{o} 是否可逆。例如，可以观察是否存在 $\det U_{o}\neq 0$。

在 Python 中，可以使用 obsv 函数来求得可观测性矩阵 U_{o}。

其中，参数为 A 矩阵和 C 矩阵，返回值为 U_{o}。

```python
Uo = obsv(A, C)  # 可观测性矩阵
print('Uo=\n', Uo)
print('det(Uo)=', np.linalg.det(Uo))
print('rank(Uo)=', np.linalg.matrix_rank(Uo))
```

```
Uo=
[[1 0]
 [0 1]]
det(Uo)= 1.0
rank(Uo)= 2
```

第 5 章　总结

 控制很有趣呢。我开始觉得设计控制器还蛮好玩的。

 对吧，使用控制让机器人动起来，没有比这更让人兴奋的啦！

 但是为什么大学课程里没有教我可以运用到实际中的控制知识呢？

 你真的有去上课吗？只是因为你没有认真学吧？但是控制系统设计多半要到控制工程课程的后半段才会教，而且有的大学限于课时不足，设计部分就跳过不教了。

 我觉得拉普拉斯变换的解释之类的没有必要教，直接教那些有用的该有多好。

 教授控制工程的老师，多半是很严谨的，所以可能习惯从零开始仔细讲解呢。你可能已经感觉到了，这本书其实也是很严谨的。

 确实……一开始觉得插图很多，易于阅读，但是从第 4 章开始就感觉突然变难了。

 这是因为必要的内容塞得满满当当了吧。不过，都学到这儿了，再稍微努力一下就好了。啊！还有空白的地方。那我就把闭环系统的规格（闭环系统的阻尼系数、时域响应的超调量、频域响应的峰值增益）的指标整理在**表 5.3** 中。

表 5.3　闭环系统的规格

	随动系统	恒值调节系统
阻尼系数	0.6 ~ 0.8	0.2 ~ 0.5
超调量	0 ~ 25[%]	0 ~ 25[%]
峰值增益	1.1 ~ 1.5	1.1 ~ 1.5

啊？空白的地方？

没什么，我在自言自语。

- 闭环系统的稳定性是内部稳定性。
- 由时域响应特性和频域响应特性能够确定闭环系统的设计规格。
- PID 控制是适用于传递函数模型的具有代表性的控制方法。
- PID 增益的调整方法有临界比例度法和模型匹配法。
- 状态反馈控制是适用于状态空间模型的具有代表性的控制方法。
- 可以使用极点配置法和最优调节器来设计状态反馈增益。

## 第 6 章

关注开环系统的控制系统设计

调试这个参数应该能得到我想要的响应呀?

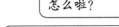

怎么啦?

我以为把被控对象 P 和控制器 K 串联,然后把控制器这个增益翻倍应该就可以了。谁知道并没有那么简单。

因为这是反馈连接,不是线性的呢。看仔细了,你设计的对象是 $PK/(1+PK)$ 吧。

原来如此。

像这样,应该考虑使用切断反馈环的开环系统,设计的时候需要着眼于 PK 哦。

切断反馈环? 明明在搭建闭环系统,把反馈环切断还真是大胆呢。

不考虑反馈环,也可以设计闭环系统,这就是厉害之处。还有,如果被控对象的模型本身不正确该怎么办呢?

不可以盲信模型吗,怎么办呢……

实际上,只要在设计的时候考虑余量,基本上就没问题了。有相位裕度和增益裕度这样的指标呢。在设计上要考虑使开环系统的相位裕度和增益裕度成为指定的值哦。不过,如果要这样设计,就必须把第 5 章介绍的有关稳定性和追随性这些规格替换成开环系统的规格。就从这里学起吧。

6.1 开环系统的设计规格

第 5 章中，我们针对从闭环系统的目标值到输出的传递函数设置了控制规格，并且设计了控制器。从目标值到输出的传递函数为：

$$\mathcal{G}_{yr}(s) = \frac{\mathcal{P}(s)\mathcal{K}(s)}{1+\mathcal{P}(s)\mathcal{K}(s)}$$

控制器和被控对象为非线性的。也就是说，当改变 $\mathcal{K}(s)$ 时，闭环系统的特征会如何变化并不容易看出来。例如，即使将 $\mathcal{K}(s)$ 的幅值调整为 10 倍，$\mathcal{G}_{yr}(s)$ 的幅频图也不是简单地向上方移动 20dB。对于 $\mathcal{P}(s)$ 也是一样的。例如，当被控对象的模型中带有不确定性时，由于此不确定性的存在，很难预计性能将会发生怎样的变化。

为了解决这些问题，有一种基于开环系统的**回路成形法**。虽然其目标与闭环系统相同，都是使响应成为理想的形式，但是它不关注闭环系统，只关注切断反馈环的开环系统的特性来设计控制器。

$$\mathcal{H}(s) = \mathcal{P}(s)\mathcal{K}(s) \tag{6.1}$$

也就是说，针对**开环传递函数**（一周传递函数）给出设计规格，并设计出满足这些规格的控制器。由于式（6.1）中的 $\mathcal{H}(s)$ 对于 $\mathcal{P}(s)$ 和 $\mathcal{K}(s)$ 是线性的，因此如何改变 $\mathcal{K}(s)$ 才能满足设计规格，或者当 $\mathcal{P}(s)$ 中存在不确定性的时候，其不确定性会产生怎样的影响，这些问题都能够比较容易地解决。对于回路成形，只需要知道开环系统 $\mathcal{H}(s)$ 的频域响应就可以进行设计了。因此，即使不清楚被控对象的模型，只要通过实际的实验取得 $\mathcal{H}(s)$ 的频域响应就可以进行设计了。

为了进行着眼于开环系统的控制系统设计，需要针对开环系统制定设计规格。接下来将 5.1.4 节列出的闭环系统的设计规格替换为开环系统的规格。闭环系统的规格为：

- ❑ 稳定性：闭环系统是内部稳定的。
- ❑ 快速性：$\mathcal{G}_{yr}$ 的通频带 ω_{bw} 较大。
- ❑ 阻尼特性：$\mathcal{G}_{yr}$ 的峰值增益 M_{p} 较小。
- ❑ 稳态误差：$\mathcal{G}_{yr}$ 低频段的幅值为 0dB。

下面假定 $\mathcal{H}(s) = \mathcal{P}(s)\mathcal{K}(s)$ 为稳定的，并且 $\mathcal{P}(s)$ 与 $\mathcal{K}(s)$ 之间不存在不稳定的零极点对消。

6.1.1 稳定性

我们使用**奈奎斯特稳定判据**来判断开环系统的稳定性。详细内容稍后介绍，奈奎斯特稳定判据可以表述为：

> 若 $\mathcal{H}(s) = \mathcal{P}(s)\mathcal{K}(s)$ 是稳定的，那么对于开环系统 $\mathcal{H}(s)$ 的频域特性，如果有"相位穿越频率 $\omega_{\mathrm{pc}} >$ 增益穿越频率 ω_{gc}"，则闭环系统就是内部稳定的。这里的**相位穿越频率** ω_{pc} 指的是当 $\angle\mathcal{H}(\mathrm{j}\omega) = -180\ \mathrm{deg} = -\pi\ \mathrm{rad}$ 时的频率，而**增益穿越频率** ω_{gc} 指的是 $|\mathcal{H}(\mathrm{j}\omega)| = 1$（0dB）时的频率。

让我们来验证一下。假设对稳定的系统 $\mathcal{H}(s)$ 施加一个正弦波信号 $u(t) = \sin\omega_{\mathrm{pc}}t$。此时相位为 $180\mathrm{deg} = \pi\ \mathrm{rad}$，系统的稳态输出为：

$$y(t) = |\mathcal{H}(\mathrm{j}\omega_{\mathrm{pc}})|\sin(\omega_{\mathrm{pc}}t - \pi) = -|\mathcal{H}(\mathrm{j}\omega_{\mathrm{pc}})|\sin(\omega_{\mathrm{pc}}t)$$

将其负反馈后形成新的输入：

$$u(t) = \sin\omega_{\mathrm{pc}}t + |\mathcal{H}(\mathrm{j}\omega_{\mathrm{pc}})|\sin\omega_{\mathrm{pc}}t = (1 + |\mathcal{H}(\mathrm{j}\omega_{\mathrm{pc}})|)\sin\omega_{\mathrm{pc}}t \qquad (6.2)$$

将其施加到系统后，产生的输出为：

$$y(t) = -(|\mathcal{H}(\mathrm{j}\omega_{\mathrm{pc}})| + |\mathcal{H}(\mathrm{j}\omega_{\mathrm{pc}})|^2)\sin\omega_{\mathrm{pc}}t$$

反复进行上述操作，输入信号的振幅就成为[⊖]：

$$1 + |\mathcal{H}(\mathrm{j}\omega_{\mathrm{pc}})| + |\mathcal{H}(\mathrm{j}\omega_{\mathrm{pc}})|^2 + \cdots \qquad (6.3)$$

因此，当 $|\mathcal{H}(\mathrm{j}\omega_{\mathrm{pc}})| \geq 1$ 时，输入信号就会发散，由此产生的输出信号也会发散。与之相对，当 $|\mathcal{H}(\mathrm{j}\omega_{\mathrm{pc}})| < 1$ 时，就有：

$$1 + |\mathcal{H}(\mathrm{j}\omega_{\mathrm{pc}})| + |\mathcal{H}(\mathrm{j}\omega_{\mathrm{pc}})|^2 + \cdots = \frac{1}{1 + |\mathcal{H}(\mathrm{j}\omega_{\mathrm{pc}})|} \qquad (6.4)$$

它收敛到一个有界的值。于是输出信号也成为有界的信号。

上述讨论可以使用**代码段 6.1** 的仿真来确认。

代码段 6.1　输入正弦波时的输出的振幅变化

```
P = tf([0, 1],[1, 1, 1.5, 1])
# 取得相位为 180deg 的频率
_, _, wpc, _ = margin(P)

t = np.arange(0, 30, 0.1)
```

⊖　实际上，当构建闭环系统 $\mathcal{H}(s)/(1 + \mathcal{H}(s))$ 后，各时刻的输出都被负反馈回来，这里为了简单起见，考虑仅当稳态输出产生新的输入时才被负反馈回来的形式。

```
u = np.sin(wpc*t)
y = 0 * u

fig, ax = plt.subplots(2,2)
for i in range(2):
    for j in range(2):
        # 输出负反馈后生成下一个时刻的输入
        u = np.sin(wpc*t) - y
        y, t, x0 = lsim(P, u, t, 0)

        ax[i,j].plot(t,u, ls='--', label='u')
        ax[i,j].plot(t,y, label='y')
        plot_set(ax[i,j], 't', 'u, y')

fig.tight_layout()
```

执行代码段 6.1 后，其结果如图 6.1 所示。

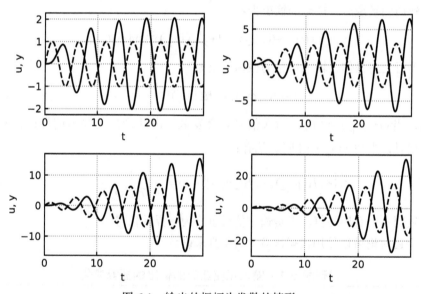

图 6.1   输出的振幅为发散的情形

图 6.1 中的虚线为输入 u，实线为输出 y。输入信号与输出信号的相位相差
180deg，因此可以看出它是相位滞后 180deg 的频率的输入。用左上图的 y 可以得
到右上图的 u，$u = y + \sin \omega_{pc} t$。同样，用右上图的 y 可以得到左下图的 u。进一
步，用左下图的 y 可以得到右下图的 u。在这个例子中，输出信号的振幅比输入
信号的振幅大，随之带来的是输出的振幅产生发散。因此可以知道，对于本例中

的被控对象，搭建闭环系统会带来不稳定。

再举一个例子。将被控对象变更为下述形式：

```
P = tf([0, 1], [1, 2, 2, 1])
```

结果如**图 6.2** 所示。与代码段 6.1 的例子一样，它是相位相差 180deg 的输入。

但是，由于输出的振幅小于输入的振幅，因此不论输入信号更新（按图 6.2 的左上、右上、左下、右下的顺序）多少次，可以看到输出的振幅都不产生发散，而是收敛到某个值。

也就是说，这个系统是稳定的。

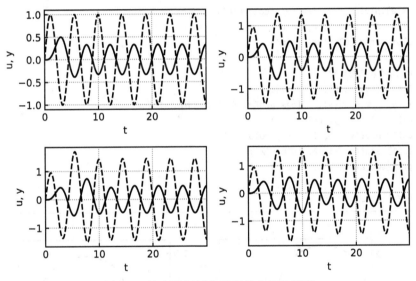

图 6.2　输出的振幅收敛到某个值的情形

对于相位滞后 180deg 的频率 ω_{pc}，当 $|\mathcal{H}(j\omega_{pc})|<1$ 时，闭环系统是稳定的。当被控对象为物理系统的时候，绝大多数情况下都有 $|\mathcal{H}(j\omega)|\to 0 (\omega\to\infty)$。因此，若我们设使 $|\mathcal{H}(j\omega)|=1$ 的频率 ω 为 ω_{pc}，那么当 $\omega_{pc}>\omega_{gc}$ 时系统是稳定的。

像这样通过图形的手段，利用开环系统 $\mathcal{H}(s)$ 的幅值和相位的信息来判断闭环系统的稳定性的方法称为**奈奎斯特稳定判据**。具体来说，将频率从 $-\infty$ 变化到 ∞ 时的 $\mathcal{H}(j\omega)$ 的轨迹（称为奈奎斯特图）绘制到复平面上，当其与实轴交叉时的幅值 $|\mathcal{H}(j\omega_{pc})|$ 不到 1 时，即奈奎斯特图在 $(-1, j0)$ 点的右侧时，系统稳定，否则系统就是不稳定的。

奈奎斯特图是由将

$$\mathcal{H}(j\omega) = \alpha(\omega) + j\beta(\omega)$$

中的 ω 从 $-\infty$ 变化到 ∞ 时的轨迹绘制到复平面上而成的。在 Python 中绘制奈奎斯特图时可以使用 nyquist 函数。我们可以使用 nyquist(sys)，如**代码段 6.2** 所示。

代码段 6.2　绘制奈奎斯特轨迹

```
fig, ax = plt.subplots(1,2)

# 闭环系统不稳定时
P = tf([0, 1],[1, 1, 1.5, 1])
x, y, _ = nyquist(P, logspace(-3,5,1000), Plot=False)
ax[0].plot(x, y, color='k')
ax[0].plot(x, -y, ls='--', color='k')
ax[0].scatter(-1, 0, color='k')
plot_set(ax[0], 'Re', 'Im')

# 闭环系统稳定时
P = tf([0, 1],[1, 2, 2, 1])
x, y, _ = nyquist(P, logspace(-3,5,1000), Plot=False)
ax[1].plot(x, y, color='k')
ax[1].plot(x, -y, ls='--', color='k')
ax[1].scatter(-1, 0, color='k')
plot_set(ax[1], 'Re', 'Im')

fig.tight_layout()
```

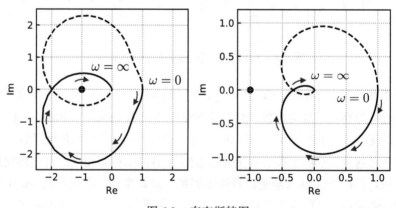

图 6.3　奈奎斯特图

上述例子的被控对象的奈奎斯特图如**图 6.3** 所示。前半的例子（左图）中，当频率 ω 从 0 变化到 ∞ 时，轨迹通过了 $(-1, j0)$ 点的左侧，因此闭环系统是不稳定的。后半的例子（右图）中，轨迹通过了右侧，因此闭环系统是稳定的。

接下来，我们可以将奈奎斯特图与伯德图对照着看，如**图** 6.4 所示。这里关注增益穿越频率 ω_{gc} 和相位穿越频率 ω_{pc}，可以看到当系统稳定时，有 $\omega_{gc} < \omega_{pc}$，而当系统不稳定时，有 $\omega_{gc} \geqslant \omega_{pc}$。即，作为开环系统的设计规格之一，其稳定性的条件为：

$$\omega_{gc} < \omega_{pc} \tag{6.5}$$

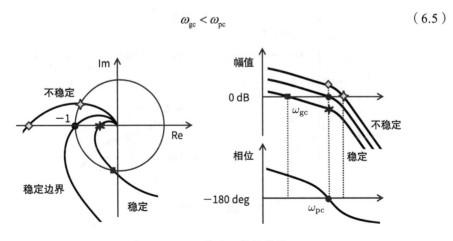

图 6.4　开环传递函数的特性

根据 $\mathcal{H} = \mathcal{PK}$，当增大控制器的幅值时，$\mathcal{H}$ 的幅值也会增大，幅频图会向上方平移。于是，增益穿越频率 ω_{gc} 也随之增大。但是，相频图不发生变化。因此，当控制器的幅值不断增大时，ω_{gc} 最终会大于 ω_{pc}，闭环系统就会变得（接近）不稳定。

6.1.2　快速性与阻尼特性

对于快速性和阻尼特性，开环系统有如下规格。

如果增大开环系统 $\mathcal{H}$ 的增益穿越频率 ω_{gc}，快速性就会得到改善。如果增加相位裕度 PM，阻尼特性就会得到改善。其中，**相位裕度** PM 表示在增益穿越频率 ω_{gc} 上 $\mathcal{H}$ 的相位 $\angle\mathcal{H}(\mathrm{j}\omega_{\mathrm{gc}})$ 相对于 $-180\mathrm{deg}$ 超前了多少（见**图 6.5**）。即：

$$\mathrm{PM} = 180 + \angle\mathcal{H}(\mathrm{j}\omega_{\mathrm{gc}})$$

相位裕度表示 $\mathcal{H}(\mathrm{j}\omega_{\mathrm{gc}})$ 与点 $(-1,\ \mathrm{j}0)$ 的距离（角度）。因此，当相位裕度越大，被控对象的参数变动所引起的不稳定就越不容易发生。

除了相位裕度，还存在叫作**增益裕度** GM 的指标（见图 6.5）。增益裕度 GM 表示对于相位穿越频率 ω_{pc}，$\mathcal{H}(\mathrm{j}\omega_{\mathrm{pc}})$ 与点 $(-1,\ \mathrm{j}0)$ 的距离。它表示 $|\mathcal{H}(\mathrm{j}\omega_{\mathrm{pc}})|$ 的值增大多少倍以后会变成 1，当其越远离点 $(-1,\ \mathrm{j}0)$ 而靠近原点时值就越大。此处设 $\rho = \dfrac{1}{|\mathcal{H}(\mathrm{j}\omega_{\mathrm{pc}})|}$，则增益裕度 GM 就可以用分贝表示为 $\mathrm{GM} = 20\log_{10}\rho$。

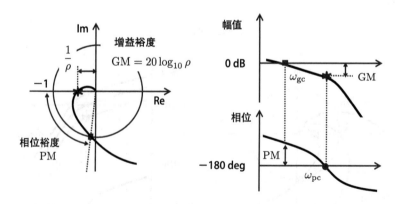

图 6.5　相位裕度和增益裕度

闭环特性和开环特性的关系

对于闭环系统，当通频带 ω_{bw} 越大，快速性就越好。简单来说，假设 $|\mathcal{G}_{yr}(0)|=1$，则 $\mathcal{G}_{yr}$ 的通频带是使 $|\mathcal{G}_{yr}(\mathrm{j}\omega_{\mathrm{bw}})|=\dfrac{1}{\sqrt{2}}$ 的频率。而对于开环系统 $\mathcal{H}(\mathrm{j}\omega)$，由于 $\mathcal{H}(\mathrm{j}\omega_{\mathrm{gc}})=1$，因此有：

$$|\mathcal{G}_{yr}(\mathrm{j}\omega_{\mathrm{gc}})|=\frac{1}{|1+\mathcal{H}(\mathrm{j}\omega_{\mathrm{gc}})|} \qquad (6.6)$$

进一步地说，$|1+\mathcal{H}(\mathrm{j}\omega_{\mathrm{gc}})|$ 可以根据**图 6.6** 写为：

$$|1+\mathcal{H}(\mathrm{j}\omega_{\mathrm{gc}})|=2\sin\frac{\mathrm{PM}}{2} \qquad (6.7)$$

即有下述关系式：

$$|\mathcal{G}_{yr}(\mathrm{j}\omega_{\mathrm{gc}})|=\frac{1}{2\sin\dfrac{\mathrm{PM}}{2}} \qquad (6.8)$$

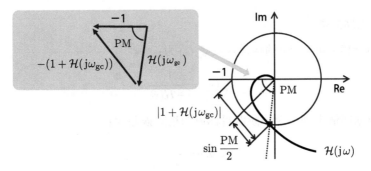

图 6.6　$|1+\mathcal{H}(\mathrm{j}\omega_{\mathrm{gc}})|$ 和 PM 的关系

于是，当 PM $=90$ (deg) 时，有：

$$|\mathcal{G}_{yr}(\mathrm{j}\omega_{\mathrm{gc}})|=\frac{1}{\sqrt{2}}$$

因此 $\omega_{\mathrm{gc}}=\omega_{\mathrm{bw}}$。并且当 PM <90 (deg) 时，有：

$$|\mathcal{G}_{yr}(j\omega_{gc})| > \frac{1}{\sqrt{2}}$$

因此 $\omega_{gc} < \omega_{bw}$。

综上所述，当 PM≤90 时，$\omega_{gc} \leqslant \omega_{bw}$ 的关系成立。由此可见，当增大开环系统 $\mathcal{H}$ 的增益穿越频率 ω_{gc} 时，闭环系统 $\mathcal{G}_{yr}$ 的通频带 ω_{bw} 也会增大，快速性就会变好。

接下来讨论阻尼特性。对于闭环系统，当 $\mathcal{G}_{yr}$ 的峰值增益 M_p 越小，阻尼特性就越好。$\mathcal{G}_{yr}$ 的峰值增益为：

$$M_p = \max_{\omega} |\mathcal{G}_{yr}(j\omega)| \qquad (6.9)$$

根据式（6.8），得到：

$$M_p > |\mathcal{G}_{yr}(j\omega_{gc})| = \frac{1}{2\sin\dfrac{PM}{2}} \qquad (6.10)$$

因此，相位裕度 PM 越小，$|\mathcal{G}_{yr}(j\omega_{gc})|$ 就越大。由此可知，PM 越小就越容易变得振荡。

因此，为了改善阻尼特性，相位裕度 PM 越大越好。

6.1.3　稳态误差

从目标值 r 到误差 e 的传递函数 $\mathcal{G}_{er}(s)$ 为：

$$\mathcal{G}_{er}(s) = \frac{1}{1+\mathcal{H}(s)} \qquad (6.11)$$

因此，根据终值定理，对于阶跃目标值的稳态误差为：

$$e(\infty) = \frac{1}{1+\mathcal{H}(0)}$$

由此得出下列结论。

增大开环系统 $\mathcal{H}$ 的低频幅值（增大直流增益 $|\mathcal{H}(0)|$）：

$$\lim_{\omega \to 0} |\mathcal{H}(j\omega)| \qquad (6.12)$$

稳态误差就会减小。

当 $\mathcal{K}(s)$ 中带有积分器时，$|\mathcal{H}(0)|=\infty$，并且系统能够无稳态误差地追随阶跃目标值（称为 **1 型控制系统**[⊖]）。

6.1.4　开环系统的设计规格

根据上面讨论的指标，关注开环系统的控制系统设计需要考虑以下因素：

- ❑ **稳定性**：保持增益穿越频率 ω_{gc} < **相位穿越频率** ω_{pc}。
- ❑ **快速性**：尽可能增大增益穿越频率 ω_{gc}。
- ❑ **阻尼特性**：增大相位裕度 PM。
- ❑ **稳态误差**：增大低频幅值（直流增益设为 $|\mathcal{H}(0)|=\infty$）。

6.2　PID 控制

这里以垂直驱动机械臂的角度控制为例，在确认开环特性的同时对 PID 控制器进行设计。

6.2.1　P 控制

首先考虑 P 控制。可以通过执行**代码段 6.3**，改变 $\mathcal{K}(s)=k_p$ 的比例增益 k_p，来观察开环传递函数 $\mathcal{H}(s)=\mathcal{P}(s)\mathcal{K}(s)$ 的特性会发生怎样的变化。被控对象 $\mathcal{P}$ 与 5.2.1 节相同。

代码段 6.3　开环系统（P 控制）的伯德图

```
#  机械臂的模型
g  = 9.81              # 重力加速度 [m/s^2]
l  = 0.2               # 机械臂的长度 [m]
M  = 0.5               # 机械臂的质量 [kg]
mu = 1.5e-2            # 黏性摩擦系数 [kg*m^2/s]
J  = 1.0e-2            # 转动惯量 [kg*m^2]
P = tf( [0,1], [J, mu, M*g*l] )
ref = 30 # 目标角度 [deg]

kp = (0.5, 1, 2)

LS = linestyle_generator()
fig, ax = plt.subplots(2, 1)
```

⊖　当积分器的数目为 l 个时，就称为 l 型控制系统。当目标值的拉普拉斯变换为 $1/s^l$ 时，如果是 l 型控制系统，则稳态误差为 0。

```
for i in range(len(kp)):
    K = tf([0, kp[i]], [0, 1]) # P 控制
    H = P * K #  开环系统
    gain, phase, w = bode(H, logspace(-1,2), Plot=False)

    #  幅频图和相频图
    pltargs = {'ls':next(LS), 'label':'$k_P$='+str(kp[i])}
    ax[0].semilogx(w, 20*np.log10(gain), **pltargs)
    ax[1].semilogx(w, phase*180/np.pi, **pltargs)
    #  增益裕度、相位裕度、相位穿越频率、增益穿越频率
    print('kP=', kp[i])
    print('(GM, PM, wpc, wgc)')
    print(margin(H))
    print('-----------------')

bodeplot_set(ax, 3)
```

```
kP= 0.5
(GM, PM, wpc, wgc)
(inf, 21.156175957298814, nan, 12.030378476260191)
-----------------
kP= 1
(GM, PM, wpc, wgc)
(inf, 12.118321095140175, nan, 13.995414100411576)
-----------------
kP= 2
(GM, PM, wpc, wgc)
(inf, 7.419183191955369, nan, 17.217014751495988)
-----------------
```

图 6.7 的幅频图中的黑点代表增益穿越频率。可以看到，当增大比例增益时，增益穿越频率就会增大。当增大比例增益时，相位裕度就会变小。因此，当增大比例增益时，伴随着响应的变快，响应也会变得更加振荡。此外，当增大比例增益时，虽然低频幅值会变大，但由于该值不是 ∞，因此会有稳态误差。上述结果对应图 5.7 的结果。

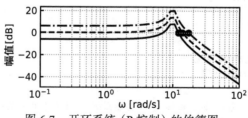

图 6.7   开环系统（P 控制）的伯德图

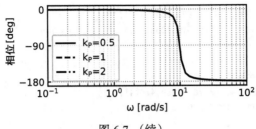

图 6.7　（续）

6.2.2　PI 控制

接下来考虑 PI 控制。将 $\mathcal{K}(s) = k_{\mathrm{p}} + \dfrac{k_{\mathrm{I}}}{s}$ 中的比例增益 k_{p} 固定，观察改变积分增益 k_{I} 时的开环传递函数的特性。执行**代码段 6.4** 可以得到**图 6.8**。

代码段 6.4　开环系统（PI 控制）的伯德图

```python
kp = 2
ki = (0, 5, 10)
LS = linestyle_generator()
fig, ax = plt.subplots(2, 1)
for i in range(3):
    K = tf([kp, ki[i]], [1, 0]) # PI 控制
    H = P * K # 开环系统
    gain, phase, w = bode(H, logspace(-1,2), Plot=False)

    # 幅频图和相频图
    pltargs = {'ls':next(LS), 'label':'$k_I$='+str(ki[i])}
    ax[0].semilogx(w, 20*np.log10(gain), **pltargs)
    ax[1].semilogx(w, phase*180/np.pi, **pltargs)

    # 增益裕度、相位裕度、相位穿越频率、增益穿越频率
    print('kP=', kp, ', kI=', ki[i])
    print('(GM, PM, wpc, wgc)')
    print(margin(H))
    print('------------------')
bodeplot_set(ax, 3)
```

```
kP= 2 , kI= 0
(GM, PM, wpc, wgc)
(inf, 7.419183191955369, nan, 17.217014751495988)
------------------
kP= 2 , kI= 5
(GM, PM, wpc, wgc)
```

```
(0.73574999999999995, -0.8650925865891281,
15.660459763365822, 17.277561531058748)
------------------
kP= 2 , kI= 10
(GM, PM, wpc, wgc)
(0.21021428571428594, -8.761363396424741,
11.838194843085544, 17.44979293154785)
------------------
```

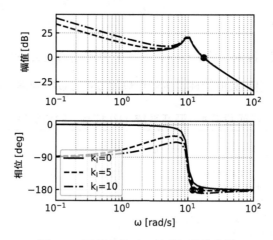

图 6.8　开环系统（PI 控制）的伯德图

　　根据图 6.8 可以看到，增大积分增益时，低频幅值就会变大。并且由于直流增益为 ∞，因此对于阶跃目标值的稳态误差为 0。

　　另一方面，增大积分增益时，相位裕度就会变小。不仅如此，相位裕度甚至会小于 0deg。于是 $\omega_{pc} > \omega_{gc}$ 的关系不再成立。这就意味着闭环系统是不稳定的。也就是说，当增大积分增益时，虽然稳态误差会变小，但是响应会变得振荡，系统也会变得不稳定。实际上，闭环系统 $G_{yr}(s)$ 的阶跃响应如**图 6.9**（执行**代码段 6.5**）所示，当增大积分增益时，系统会变得不稳定。

代码段 6.5　闭环系统（PI 控制）的阶跃响应

```python
LS = linestyle_generator()
fig, ax = plt.subplots()
for i in range(3):
    K = tf([kp, ki[i]], [1, 0])  # PI 控制
    Gyr = feedback(P*K, 1)  # 闭环系统
    y, t = step(Gyr, np.arange(0, 2, 0.01))
```

```
    pltargs = {'ls':next(LS), 'label':'$k_I$='+str(ki[i])}
    ax.plot(t, y*ref, **pltargs)

ax.axhline(ref, color="k", linewidth=0.5)
plot_set(ax, 't', 'y', 'best')
```

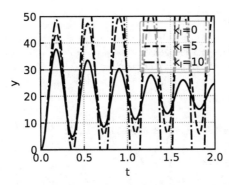

图 6.9　使用 PI 控制时闭环系统的阶跃响应

6.2.3　PID 控制

最后让我们来看看将 D 控制加入 PI 控制后得到的 **PID 控制**。将 $\mathcal{K}(s) = k_P + \dfrac{k_I}{s} + k_D s$ 中的比例增益 k_P 与积分增益 k_I 固定，通过改变微分增益 k_D 来观察开环特性。执行**代码段 6.6**，得到如**图 6.10** 所示的伯德图。

代码段 6.6　开环系统（PID 控制）的伯德图

```
kp = 2
ki = 5
kd = (0, 0.1, 0.2)
LS = linestyle_generator()
fig, ax = plt.subplots(2, 1)
for i in range(3):
    K = tf([kd[i], kp, ki], [1,0]) # PID 控制
    H = P * K # 开环系统
    gain, phase, w = bode(H, logspace(-1,2), Plot=False)

    # 幅频图和相频图
    pltargs = {'ls':next(LS), 'label':'$k_D$='+str(kd[i])}
    ax[0].semilogx(w, 20*np.log10(gain), **pltargs)
    ax[1].semilogx(w, phase*180/np.pi, **pltargs)

    # 增益裕度、相位裕度、相位穿越频率、增益穿越频率
```

```
        print('kP=', kp, ', kI=', ki, ', kD=', kd[i])
        print('(GM, PM, wpc, wgc)')
        print(margin(H))
        print('-----------------')
    bodeplot_set(ax, 3)
```

```
kP= 2 , kI= 5 , kD= 0
(GM, PM, wpc, wgc)
(0.7357499999999995, -0.8650925865891281,
15.660459763365822, 17.277561531058748)
-----------------
kP= 2 , kI= 5 , kD= 0.1
(GM, PM, wpc, wgc)
(inf, 45.21166550163886, nan, 18.803688976275332)
-----------------
kP= 2 , kI= 5 , kD= 0.2
(GM, PM, wpc, wgc)
(inf, 71.27186124757236, nan, 24.730240225794656)
-----------------
```

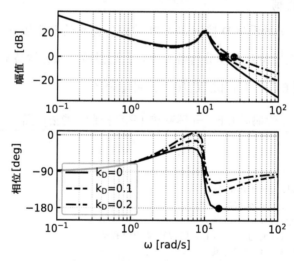

图 6.10　开环系统（PID 控制）的伯德图

　　在 PI 控制中，增大积分增益后闭环系统就会变得不稳定，而通过增加微分增益，由于相位裕度增大，就可以规避不稳定化这个问题。此外可以看到，增加微分增益时，增益穿越频率会增大，低频幅值却保持不变。因此，通过增加 D 控制，振荡会变小，响应也会稍微变快一些。从**图 6.11**（执行**代码段 6.7**）的闭环系统的阶跃响应中也可以看到同样的结果。

代码段 6.7　闭环系统（PID 控制）的阶跃响应

```
LS = linestyle_generator()
fig, ax = plt.subplots()
for i in range(3):
    K = tf([kd[i],kp,ki],[1,0]) # PID 控制
    Gyr = feedback(P*K,1) # 闭环系统
    y, t = step(Gyr,np.arange(0,2,0.01))

    pltargs = {'ls':next(LS), 'label':'$k_D$='+str(kd[i])}
    ax.plot(t,y*ref, **pltargs)
ax.axhline(ref, color="k", linewidth=0.5)
plot_set(ax, 't', 'y', 4)
```

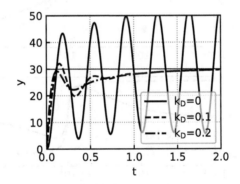

图 6.11　使用 PID 控制时闭环系统的阶跃响应

总结上述讨论，对于下列两个控制器：

❑ 设计前：$k_P = 1$, $k_I = 0$, $k_D = 0$

❑ 设计后：$k_P = 2$, $k_I = 5$, $k_D = 0.1$

它们的性能可以通过执行**代码段 6.8** 来进行比较。

代码段 6.8　设计前后的比较（开环系统的伯德图）

```
kp = (2, 1)
ki = (5, 0)
kd = (0.1, 0)
Label = ('After', 'Before') # 图中显示为 "设计后" 和 "设计前"

LS = linestyle_generator()
fig, ax = plt.subplots(2, 1)
```

```
for i in range(2):
    K = tf([kd[i], kp[i], ki[i]], [1,0]) # PID 控制
    H = P * K # 开环系统
    gain, phase, w = bode(H, logspace(-1,2), Plot=False)

    # 幅频图和相频图
    pltargs = {'ls':next(LS), 'label':Label[i]}
    ax[0].semilogx(w, 20*np.log10(gain), **pltargs)
    ax[1].semilogx(w, phase*180/np.pi, **pltargs)

bodeplot_set(ax, 3)
```

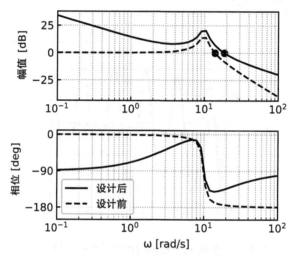

图 6.12   开环系统（PID 控制）的伯德图的比较

从**图 6.12** 中可以看出，开环系统的规格（见 6.1.4 节）中的稳定性（保持 $\omega_{gc} < \omega_{pc}$）、快速性（尽可能增大 ω_{gc}）、阻尼特性（增大相位裕度 PM）和稳态误差（增大低频幅值）都通过参数调整得到了满足。

接下来，通过**代码段 6.9** 来确认闭环系统 G_{yr} 的伯德图。

代码段 6.9   设计前后的比较（闭环系统的伯德图）

```
LS = linestyle_generator()
fig, ax = plt.subplots(2, 1)
for i in range(2):
    K = tf( [kd[i], kp[i], ki[i]], [1,0]) # PID 控制
    Gyr = feedback(P*K, 1) # 闭环系统
    Gyr = Gyr.minreal()
```

```
gain, phase, w = bode(Gyr, logspace(-1,2), Plot=False)

pltargs = {'ls':next(LS), 'label':Label[i]}
ax[0].semilogx(w, 20*np.log10(gain), **pltargs)
ax[1].semilogx(w, phase*180/np.pi, **pltargs)
```

```
bodeplot_set(ax, 3)
```

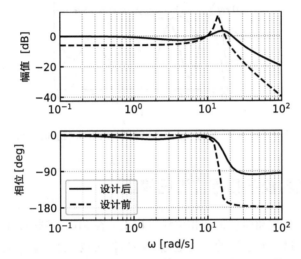

图 6.13　闭环系统 G_{yr}（PID 控制）的伯德图的比较

从**图 6.13** 的伯德图可以看到，闭环系统的设计规格（见 5.1.4 节）中的快速性（G_{yr} 的幅频图中的通频带 ω_{bw} 足够大）、阻尼特性（G_{yr} 的幅频图中的峰值增益 M_p 较小）和稳态误差（G_{yr} 的低频段的幅值为 0dB）都通过设计得到了满足。

接下来通过**代码段 6.10** 来看看闭环系统的阶跃响应。阶跃响应如**图 6.14** 所示。从**图 6.14** 可以看出，系统在抑制振荡的同时能够快速地追随目标值。

代码段 6.10　设计前后的比较（闭环系统的阶跃响应）

```
LS = linestyle_generator()
fig, ax = plt.subplots()
for i in range(2):
    K = tf( [kd[i], kp[i], ki[i]], [1, 0])
    Gyr = feedback(P*K, 1)
    y, t = step(Gyr,np.arange(0,2,0.01))

    pltargs = {'ls':next(LS), 'label':Label[i]}
```

```
    ax.plot(t, y*ref, **pltargs)
ax.axhline(ref, color="k", linewidth=0.5)
plot_set(ax, 't', 'y', 1)
```

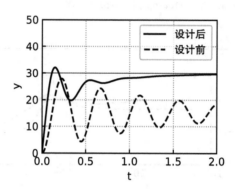

图 6.14   闭环系统 $\mathcal{G}_{yr}$（PID 控制）的阶跃响应的比较

6.3   相位超前校正和相位滞后校正

接下来设计相位超前校正和相位滞后校正。在 PID 控制中，比例、积分、微分三个要素是通过并联连接的。这里考虑的是将增益校正、相位滞后校正、相位超前校正这三个要素通过串联连接的情况，如**图 6.15** 所示。

图 6.15   串联校正

在回路成形中，串联能提供更好的设计可视性。这是因为通过串联连接的系统的幅频图和相频图是通过叠加各种不同的要素的幅频图和相频图来表现的。增益校正与比例控制相同，是输入的固定倍数。下面简单介绍相位滞后校正和相位超前校正，并介绍设计的实例。

6.3.1   相位滞后校正

相位滞后校正可以记作：

$$K_1(s) = \alpha \frac{T_1 s + 1}{\alpha T_1 s + 1} \quad (\alpha > 1) \tag{6.13}$$

设 $\alpha = 10$, $T_1 = 0.1$，并绘制伯德图，得到**图 6.16**。

```
alpha = 10
T1 = 0.1
K1 = tf([alpha*T1, alpha], [alpha*T1, 1])
gain, phase, w = bode(K1, logspace(-2,3), Plot=False)
fig, ax = plt.subplots(2, 1)
ax[0].semilogx(w, 20*np.log10(gain), color='k')
ax[1].semilogx(w, phase*180/np.pi, color='k')
bodeplot_set(ax)
```

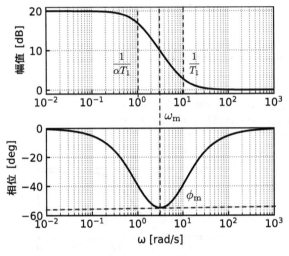

图 6.16　相角滞后校正

可以看到，通过增加低频段的幅值，能够改善稳态特性。低频幅值增加了 $20\log_{10}\alpha$。但是，$\dfrac{1}{\alpha T_1} \sim \dfrac{1}{T_1}$ 的频段的相位发生了滞后。实际上，ω_m 处的相位的最大滞后为 ϕ_m：

$$\omega_\mathrm{m} = \frac{1}{T_1\sqrt{\alpha}},\quad \phi_\mathrm{m} = \sin^{-1}\frac{1-\alpha}{1+\alpha} \tag{6.14}$$

另外，在式（6.13）中，当 $\alpha \to \infty$ 时，$K_1(s)$ 可以近似看作 $K_1(s) = \dfrac{T_1 s + 1}{s}$，因此其性能与 PI 控制相近。

使用相位滞后校正的设计方法如下所述：

1）考虑低频幅值增加 $20\log_{10}\alpha$ (dB)，设计 α 使系统满足稳态误差相关的规格。

2）为了使稳定性不至于由于相位滞后而变差，选定 T_1 使得 $\omega = \dfrac{1}{T_1}$ 小于增益穿越频率的设计值的十分之一。

6.3.2 相位超前校正

相位超前校正可以记作：

$$\mathcal{K}_2(s) = \frac{T_2 s + 1}{\beta T_2 s + 1} \quad (\beta < 1) \tag{6.15}$$

设 $\beta = 0.1$，$T_2 = 1$，并绘制伯德图，得到**图 6.17**。

```
beta = 0.1
T2 = 1
K2 = tf([T2, 1],[beta*T2, 1])
gain, phase, w = bode(K2, logspace(-2,3), Plot=False)

fig, ax = plt.subplots(2, 1)
ax[0].semilogx(w, 20*np.log10(gain), color='k')
ax[1].semilogx(w, phase*180/np.pi, color='k')
bodeplot_set(ax)
```

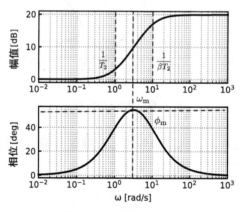

图 6.17 相位超前校正

由于相位超前，相位裕度增加并使阻尼特性得到改善。此外，由于高频幅值增大，快速性也得到改善。

实际上，ω_m 处的相位的最大超前为 ϕ_m：

$$\omega_\mathrm{m} = \frac{1}{T_2\sqrt{\beta}}, \quad \phi_\mathrm{m} = \sin^{-1}\frac{1-\beta}{1+\beta} \tag{6.16}$$

另外，在式（6.15）中，当 $\beta \to \infty$ 时，$\mathcal{K}_2(s)$ 可以近似看作 $\mathcal{K}_2(s) = T_2 s + 1$，因此

其性能与 PD 控制相近。

使用相位超前校正的设计方法如下所述：

1）评估连接 $\mathcal{K}_2$ 之前的开环系统的相位裕度 $\widetilde{\mathrm{PM}}$，对于目标 PM，计算 $\bar{\phi} = \mathrm{PM} - \widetilde{\mathrm{PM}}$。选定 β 使得 $\phi_{\mathrm{m}} = \bar{\phi}$。

2）确定 T_2 的值使得最终的理想的增益穿越频率为 ω_{m}。

6.3.3　垂直驱动机械臂的控制系统设计

和上一节相同，对于垂直驱动机械臂，让我们设计一个由增益校正、相位滞后校正和相位超前校正组成的控制器 $\mathcal{K}(s) = k\mathcal{K}_1(s)\mathcal{K}_2(s)$。设定控制规格为：增益穿越频率为 40rad/s，相位裕度为 60deg，尽可能减小稳态误差。

首先，被控对象的伯德图如图 6.18 所示。

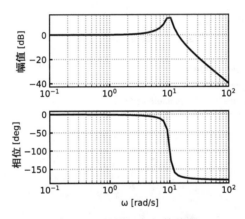

图 6.18　被控对象的伯德图

由于低频幅值为 0dB，若在此基础上搭建反馈系统，则会有稳态误差。因此为了减小稳态误差，我们用相位滞后校正来增大低频幅值。

为了增大低频幅值，设 $\alpha = 20$。幅值上升的频率由 T_1 决定。需要使 $\dfrac{1}{T_1}$ 的值变为最终的增益穿越频率（增益穿越频率的设计值）的十分之一左右。

在本例中，设计值为 40rad/s，因此设 $T_1 = 0.25 \left(\dfrac{1}{T_1} = \dfrac{40}{10} = 4 \right)$。得到：

$$\mathcal{K}_1(s) = \frac{5s + 20}{5s + 1} \tag{6.17}$$

此时（执行代码段 6.11），开环系统 $\mathcal{H}_1(s) = \mathcal{P}(s)\mathcal{K}_1(s)$ 的伯德图如图 6.19 所

示。从图 6.19 中可以看到，低频幅值得到了增加。

代码段 6.11　设计相位滞后校正

```
alpha = 20
T1 = 0.25
K1 = tf([alpha*T1, alpha], [alpha*T1, 1])
print('K1=', K1)

H1 = P * K1 # 开环系统
gain, phase, w = bode(H1, logspace(-1,2), Plot=False)

fig, ax = plt.subplots(2, 1)
ax[0].semilogx(w, 20*np.log10(gain), color='k')
ax[1].semilogx(w, phase*180/np.pi, color='k')
bodeplot_set(ax)

# 确认 40rad 处的幅值和相位
[[[mag]]], [[[phase]]], omega = freqresp(H1, [40])
magH1at40 = mag
phaseH1at40 = phase * (180/np.pi)
print('----------------------')
print('phase at 40rad/s =', phaseH1at40)
```

```
K1=
5 s + 20
--------
5 s + 1


----------------------
phase at 40rad/s = 176.8635987273622
```

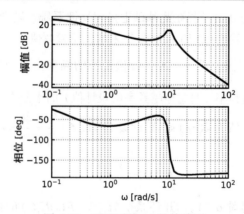

图 6.19　开环系统 $\mathcal{H}_1$ 的伯德图

最终通过增益校正，即使将增益穿越频率提高到设计值 40rad/s，相位裕度仍然小于 60deg。实际上，40rad/s 处的相位为 −176deg 左右，因此相位裕度仅为 4deg 左右。因此，需要通过相位超前校正，将 40rad/s 处的相位提高到 −120deg。具体来讲，在 40rad/s 处，需要将相位超前 $60-(180-176)=56$ deg。这里，设 $\phi_{\mathrm{m}}=56$，并将 β 设为：

$$\beta=\frac{1-\sin\phi_{\mathrm{m}}}{1+\sin\phi_{\mathrm{m}}} \tag{6.18}$$

以此来进行计算。另外，设 T_2 为：

$$T_2=\frac{1}{\omega_{\mathrm{m}}\sqrt{\beta}}$$

其中 $\omega_{\mathrm{m}}=40$。由此可得相位超前校正为：

$$\mathcal{K}_2(s)=\frac{0.1047s+1}{0.005971s+1} \tag{6.19}$$

此时（执行**代码段 6.12**），开环系统 $\mathcal{H}_2(s)=\mathcal{P}(s)\mathcal{K}_1(s)\mathcal{K}_2(s)$ 的伯德图如**图 6.20** 所示。从图 6.20 中可以看出，40rad/s 处的相位是超前的，为 −120deg。

代码段 6.12　设计相位超前校正

```
# 决定相位的超前量
phim = (60- (180 + phaseH1at40 ) ) * np.pi/180
beta = (1-np.sin(phim))/(1+np.sin(phim))

T2 = 1/40/np.sqrt(beta)
K2 = tf([T2, 1],[beta*T2, 1])
print('K2=', K2)

fig, ax = plt.subplots(2, 1)
H2 = P * K1 * K2 # 开环系统
gain, phase, w = bode(H2, logspace(-1,2), Plot=False)
ax[0].semilogx(w, 20*np.log10(gain), color='k')
ax[1].semilogx(w, phase*180/np.pi, color='k')
bodeplot_set(ax)

# 确认 40 rad/s 处的幅值和相位
[[[mag]]], [[[phase]]], omega = freqresp(H2, [40])
magH2at40 = mag
phaseH2at40 = phase * (180/np.pi)
print('----------------------')
print('gain at 40 rad/s =', 20*np.log10(magH2at40))
print('phase at 40 rad/s =', phaseH2at40)
```

```
K2=
0.1047 s + 1
--------------
0.005971 s + 1


----------------------
gain at 40 rad/s = -11.058061395752677
phase at 40 rad/s = -119.99999999999997
```

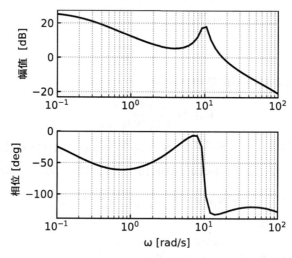

图 6.20   开环系统 $\mathcal{H}_2$ 的伯德图

最后，通过增益校正，将 40rad/s 处的幅值调整为 0dB。40rad/s 处的幅值为 −11.06dB 左右，因此需要向上方移动 −11.06dB。所以可以如**代码段 6.13** 所示将增益校正设为 k = 1/magH2at40。此时，开环系统 $\mathcal{H}(s) = \mathcal{P}(s)k\mathcal{K}_1(s)\mathcal{K}_2(s)$ 的伯德图如**图 6.21** 所示，其增益穿越频率为 40rad/s，相位裕度为 PM = 60 deg。

代码段 6.13   设计增益校正以及回路成形的结果

```
k = 1/magH2at40 # 增益校正
print('k=', k)

H = P * k * K1 * K2 # 开环系统

fig, ax = plt.subplots(2, 1)
# 设计后的开环系统 (H) 的伯德图
gain, phase, w = bode(H, logspace(-1,2), Plot=False)
ax[0].semilogx(w, 20*np.log10(gain), label='H3')
```

```
ax[1].semilogx(w, phase*180/np.pi, label='H3')
#  设计前的开环系统 (P) 的伯德图
gain, phase, w = bode(P, logspace(-1,2), Plot=False)
ax[0].semilogx(w, 20*np.log10(gain), ls='--', label='P')
ax[1].semilogx(w, phase*180/np.pi, ls='--', label='P')
bodeplot_set(ax, 3)

print('------------------')
print('(GM, PM, wpc, wgc)')
print(margin(H))
```

```
k= 3.571931073029087
------------------
(GM, PM, wpc, wgc)
(inf, 60.00000000000003, nan, 40.000000000000014)
```

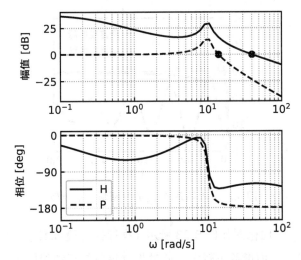

图 6.21   开环系统 $\mathcal{H}$ 与被控对象 $\mathcal{P}$ 的伯德图

控制系统已经设计好了，接下来需要确认闭环系统的特性。从目标值 r 到输出 y 的传递函数为：

$$\mathcal{G}_{yr} = \frac{\mathcal{H}}{1+\mathcal{H}}$$

其阶跃响应可以通过执行**代码段 6.14** 得到如**图 6.22** 所示的结果。可以看出，响应很快到达目标值附近，稳态误差也减小了。

代码段 6.14　回路成形前后的比较（闭环系统的阶跃响应）

```
fig, ax = plt.subplots()

# 设计后的闭环系统的阶跃响应（在图中显示为"回路成形后"）
Gyr_H = feedback(H, 1)
y, t = step(Gyr_H, np.arange(0,2,0.01))
ax.plot(t,y*ref, label='After', color='k')
# 设计前的闭环系统的阶跃响应（在图中显示为"回路成形前"）
Gyr_P = feedback(P, 1)
y, t = step(Gyr_P, np.arange(0,2,0.01))
pltargs = {'ls': '--', 'label': 'Before'}
ax.plot(t, y*ref, **pltargs)

ax.axhline(ref, color="k", linewidth=0.5)
plot_set(ax, 't', 'y', 'best')
```

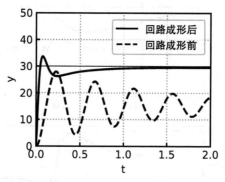

图 6.22　闭环系统 G_{yr} 的阶跃响应的比较

闭环系统 G_{yr} 的伯德图如**图 6.23** 所示（执行**代码段 6.15**）。在设计之前，低频幅值小于 0dB，峰值增益也较大，通过相位超前校正和相位滞后校正，低频幅值提升到了 0dB 附近，峰值增益也得到了抑制。此外，通频带也增大了。

代码段 6.15　回路成形前后的比较（闭环系统的伯德图）

```
fig, ax = plt.subplots(2, 1)

# 设计后的闭环系统的伯德图（在图中显示为"回路成形后"）
gain, phase, w = bode(Gyr_H, logspace(-1,2), Plot=False)
ax[0].semilogx(w, 20*np.log10(gain), label='After')
ax[1].semilogx(w, phase*180/np.pi, label='After')
# 设计前的闭环系统的伯德图（在图中显示为"回路成形前"）
```

```
gain, phase, w = bode(Gyr_P, logspace(-1,2), Plot=False)
ax[0].semilogx(w, 20*np.log10(gain), **pltargs)
ax[1].semilogx(w, phase*180/np.pi, **pltargs)

bodeplot_set(ax, 3)
```

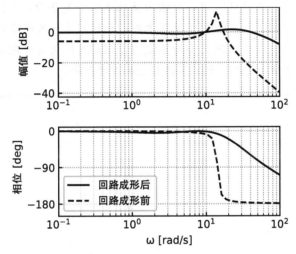

图 6.23　闭环系统 $\mathcal{G}_{yr}$ 的伯德图

在上述例子中，将设计规格改为：增益穿越频率为 60deg/s，相位裕度为 50deg，试着设计控制器 $\mathcal{K} = k\mathcal{K}_1\mathcal{K}_2$。

小增益定理

　　根据奈奎斯特稳定判据，当相位穿越频率上的开环传递函数的幅值 $|\mathcal{H}(\mathrm{j}\omega_{\mathrm{pc}})|$ 小于 1（小于 0dB）时，闭环系统就是稳定的。只关注奈奎斯特稳定判据中的幅值特性时，我们有下述**小增益定理**：

若开环传递函数 $\mathcal{H}(s)$ 为稳定的，且下式成立：

$$|\mathcal{H}(j\omega)| < 1, \ \forall \omega \qquad\qquad (6.20)$$

则闭环系统是稳定的[⊖]。

这就意味着，当开环传递函数的向量轨迹位于复平面的单位圆内时，系统就一定是稳定的。但是，由于没有考虑相位的因素，因此这不是一个必要条件。这就是说，即使不满足小增益定理，闭环系统仍有可能是稳定的。小增益定理是第 7 章中将要介绍的鲁棒控制的重要依据。

⊖ $\forall \omega$ 表示"对任意的 ω"。

第6章　总结

一会儿切断反馈环，一会儿连接反馈环，我现在很混乱。

这是因为设计时着眼的部分不同，虽然目的都是设计反馈控制系统。你可能需要一点时间来习惯。

但是通过应用 Python 和这本书中的示例代码，感觉自己也能够进行设计了。

是的。参照一定的范例，对实际的对象设计满足各种规格的控制器，这是很重要的。

话说回来，对于相位裕度和增益裕度，实际上应该如何取值呢？

姐姐问了个好问题。根据经验，可以将表 6.1 中的值作为参考。

表 6.1　开环系统的规格

	随动系统	恒值调节系统
相位裕度	40 ～ 60deg	20deg 以上
增益裕度	10 ～ 20dB	3 ～ 10dB

这样啊。

- 设计闭环系统时需要考虑开环传递函数的特征。
- 将闭环系统的设计规格（稳定性、快速性、阻尼特性、稳态误差）替换成开环系统的规格。
- 增益穿越频率和相位裕度的指标是很重要的。
- 判断稳定性时可以使用奈奎斯特稳定判据。
- 通过使用串联校正器（相位超前校正和相位滞后校正），可以设计开环特性（回路成形）。

CHAPTER 7

第 7 章

高级控制系统设计

感觉自己对控制的理解已经加深了。

 已经完全覆盖大学课程的范围了。接下来就是在工作当中实际应用了。但是搞不好在现实中用不了呢。

 诶，为什么呀？已经可以搭建带有裕度的控制器了，应该没关系吧。

 那么，当你使用状态反馈控制的时候，如果没办法用传感器获得全部状态该怎么办呢？当你使用带有大量不确定的参数的模型的时候，如果想要设计同时满足目标值追随特性和抗干扰特性的控制器该怎么办呢？针对现实中的问题要具体问题具体分析，不能照本宣科。

 ……

 如果能稍微知道一点针对这些问题的解决方法，那么在烦恼的时候，就知道应该学习并且应用什么了。

 确实如此……那么接下来应该学习什么呢？

 学习观测器和鲁棒控制的基础吧。然后学一下将搭建好的控制器实装到微控制器时所必需的离散化方面的知识吧？

 听起来很难的样子……不过既然已经学到这里了，而且能够应用到工作中，那我就再努力一下吧。

7.1　使用观测器的输出反馈控制

以 PID 控制和相位超前校正 / 相位滞后校正这样的传递函数模型为基础的控制系统设计是将被控对象的"输出"反馈回来的。以状态空间模型为基础的状态反馈控制反馈回来的不是被控对象的输出，而是被控对象的"状态"。其前提是所有状态的要素都是能被观测的。然而在现实中，即便使用传感器之类的装置，也未必能观测到所有的状态。这时就不能进行状态反馈控制。这里就轮到**观测器**大显身手。观测器如**图 7.1** 所示，是能够通过已知的输入 u 和输出 y 来推测内部状态 x 的动态系统。

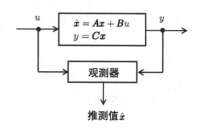

图 7.1　观测器

常用的观测器为下述的**全维观测器**：

$$\dot{\hat{x}}(t) = A\hat{x}(t) + Bu(t) - L(y(t) - C\hat{x}(t)) \tag{7.1}$$

这里的 $\hat{x}$ 为推测值。右侧第一项和第二项直接从被控对象的模型复制而来，第三项为将实际观测到的被控对象的输出 y 与由观测器推测计算出来的 $C\hat{x}(t)$ 的差进行的反馈。L 为设计参数，称为**观测器增益**。

将 $y = Cx$ 代入式（7.1）中并进行整理后得到下式：

$$\dot{\hat{x}}(t) = (A + LC)\hat{x}(t) + Bu(t) - Ly(t) = (A + LC)\hat{x}(t) + Bu(t) - LCx(t) \tag{7.2}$$

设**推测误差**为 $e(t) = x(t) - \hat{x}(t)$ ，则有：

$$\dot{e}(t) = (A + LC)e(t) \qquad (7.3)$$

如果 $A + LC$ 是稳定的，则 $e(t) \to 0$ $(t \to \infty)$ 。也就是说，$\hat{x}(t) \to x(t)$ $(t \to \infty)$ ，推测值 $\hat{x}$ 追随被控对象的状态 x 。

对观测器增益 L 进行设计时，与设计状态反馈增益 F 时一样，都使用极点配置法。如果系统是可观测的，那么极点可以配置在任意位置，因此可以指定极点并确定 L ，以使 $A + LC$ 的特征值成为该指定的极点。

假设被控对象如下：

```
A = '0 1; -4 5'
B = '0; 1'
C = '1 0'
D = '0'
P = ss(A, B, C, D)
```

设**观测器极点**为 $-15 \pm 5j$ ，来设计观测器增益。在设计中使用 acker，由于有 $(A + LC)^{\mathrm{T}} = A^{\mathrm{T}} + C^{\mathrm{T}}L^{\mathrm{T}}$ ，因此可以使用 A^{T} 和 C^{T} 来计算 L^{T} 。不过，被控对象必须是可观测的[⊖]，这样才能在任意位置配置极点。

```
#  观测器极点
observer_poles=[-15+5j,-15-5j]

#  设计观测器增益（状态反馈的对偶）
L = -acker(P.A.T, P.C.T, observer_poles).T
```

这样就求得了使 $A + LC$ 的特征值成为指定极点的 L 。实际上，通过执行 np.linalg.eigvals(P.A + L * P.C)，可以得到 array([-15.+5.j, -15.-5.j]) 的结果。因此可以确认 $A + LC$ 的特征值确为指定的极点。

接下来，假定被控对象的初始值为 $[-1\ 0.5]^{\mathrm{T}}$ ，观测器的初始值为 $[0\ 0]^{\mathrm{T}}$ ，使用**代码段 7.1** 进行仿真。

代码段 7.1　使用观测器推测状态

```
fig, ax = plt.subplots(1,2)
Td = np.arange(0, 3, 0.01)
X0 = [-1, 0.5]
```

⊖　(C, A) 可观测与 $(A^{\mathrm{T}}, C^{\mathrm{T}})$ 可控是等价的，即可控性和可观测性之间是**对偶**的关系。利用此对偶性，可以通过 acker 来设计观测器增益。

```
# 设计使被控对象 P 稳定的状态反馈增益
regulator_poles = [-5+5j, -5-5j]
F = -acker(P.A, P.B, regulator_poles)
# 真实状态的行为
Gsf = ss(P.A + P.B*F, P.B, np.eye(2), [[0],[0]])
x, t = initial(Gsf, Td, X0)
ax[0].plot(t, x[:, 0], ls='-.', label='${x}_1$')
ax[1].plot(t, x[:, 1], ls='-.', label='${x}_2$')


# 由观测器推测出的状态的行为
# 输入 u=Fx
u = [ [F[0,0]*x[i,0]+F[0,1]*x[i,1]] for i in range(len(x))]
# 输出 y=Cx
y = x[:, 0]
# 使用观测器推测状态
Obs = ss(P.A + L*P.C, np.c_[P.B, -L], np.eye(2), [[0,0],[0,0]] )
xhat, t, x0 = lsim(Obs, np.c_[u, y], T, [0, 0])
ax[0].plot(t, xhat[:, 0], label='$\hat{x}_1$')
ax[1].plot(t, xhat[:, 1], label='$\hat{x}_2$')


for i in [0, 1]:
    plot_set(ax[i], 't', '', 'best')
ax[0].set_ylabel('$x_1, \hat{x}_1$')
ax[1].set_ylabel('$x_2, \hat{x}_2$')
fig.tight_layout()
```

需要注意的是，在代码段 7.1 中，我们将观测器实装为下述形式：

$$\hat{\boldsymbol{x}}(t) = (\boldsymbol{A} + \boldsymbol{LC})\hat{\boldsymbol{x}}(t) + [\boldsymbol{B} \quad -\boldsymbol{L}] \begin{bmatrix} u(t) \\ y(t) \end{bmatrix} \qquad (7.4)$$

即，以 $u = \boldsymbol{Fx}$ 和 $y = \boldsymbol{Cx}$ 为输入，$\hat{\boldsymbol{x}}$ 为输出的状态空间模型为 Obs。代码段 7.1 的执行结果如**图 7.2** 所示。可以看到，随着时间的流逝，$\hat{\boldsymbol{x}}$ 追随着 $\boldsymbol{x}$。因此可知，可以通过观测器来推测状态。

如**图 7.3** 所示，可以使用由观测器推测出来的状态 $\hat{\boldsymbol{x}}(t)$ 来进行状态反馈 $u(t) = \boldsymbol{F}\hat{\boldsymbol{x}}(t)$ [⊖]。也就是说，控制器为：

$$\mathcal{K}: \begin{cases} \dot{\hat{\boldsymbol{x}}}(t) = (\boldsymbol{A} + \boldsymbol{BF} + \boldsymbol{LC})\hat{\boldsymbol{x}}(t) - \boldsymbol{L}y(t) \\ u(t) = \boldsymbol{F}\hat{\boldsymbol{x}}(t) \end{cases} \qquad (7.5)$$

从被控对象的输出 $y(t)$ 可以计算出控制输入 $u(t)$。

⊖ 由于**分离定律**成立，因此可以独立设计观测器和状态反馈。

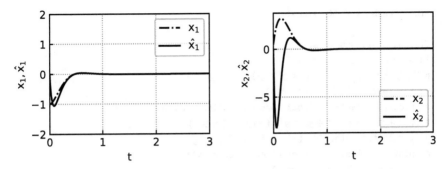

图 7.2　通过观测器来推测状态

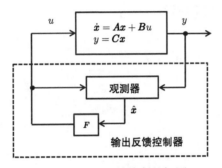

图 7.3　输出反馈控制的框图

此外，将其进行拉普拉斯变换后得到：

$$\mathcal{K}(s) = -\boldsymbol{F}(s\boldsymbol{I} - (\boldsymbol{A} + \boldsymbol{B}\boldsymbol{F} + \boldsymbol{L}\boldsymbol{C}))^{-1}\boldsymbol{L}$$

代码段 7.2　设计输出反馈控制器

```
#  设计状态反馈增益
regulator_poles = [-5+5j, -5-5j]
F = -acker(P.A, P.B, regulator_poles)


#  设计观测器增益
observer_poles=[-15+5j,-15-5j]
L = -acker(P.A.T, P.C.T, observer_poles).T


#  输出反馈（观测器 + 状态反馈）
K = ss(P.A+P.B*F+L*P.C, -L, F, 0)
print('K:\n', K)
print('------------------')
print('K(s)=', tf(K))


#  输出反馈系统
```

```
Gfb = feedback(P, K, sign=1)

fig, ax = plt.subplots()
Td = np.arange(0, 3, 0.01)
#  无输出反馈控制 (图中显示为 "无输出反馈控制")
y, t = initial(P, Td, [-1, 0.5])
ax.plot(t,y, ls='-.', label='w/o controller', color='k')
#  有输出反馈控制 (图中显示为 "有输出反馈控制")
y, t = initial(Gfb, Td, [-1, 0.5, 0, 0])
ax.plot(t,y, label='w/ controller', color='k')
plot_set(ax, 't', 'y', 'best')
```

执行**代码段** 7.2 的结果如下所示。

```
K:
A = [[ -35.   1.]
[-471. -10.]]

B = [[ 35.]
[421.]]

C = [[-46. -15.]]

D = [[0]]
----------------
K(s)=
-7925 s - 9216
----------------
s^2 + 45 s + 821
```

输出反馈控制的结果如**图** 7.4 所示。通过同时使用观测器和状态反馈，使得被控对象的输出收敛到 0。

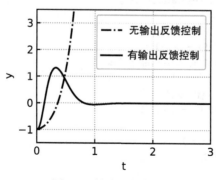

图 7.4   输出反馈控制

扰动观测器

当有定值（或是缓慢振荡的）扰动施加在输出 y 上时（如**图** 7.5 所示），观测器无法正确地推测状态。

```python
fig, ax = plt.subplots(1,2, figsize=(6, 2.3))

T = np.arange(0, 3, 0.01)
X0 = [-1, 0.5]
d = 0.5*(T>0) #  阶跃状的扰动
x, t = initial(Gsf, T, X0)
ax[0].plot(t, x[:, 0], ls='-.', label='${x}_1$')
ax[1].plot(t, x[:, 1], ls='-.', label='${x}_2$')

#  输入 u=Fx
u = [ [F[0,0]*x[i,0]+F[0,1]*x[i,1]] for i in range(len(x))]
#  输出 y=Cx+d
y = x[:, 0]+d
xhat, t, x0 = lsim(Obs, np.c_[u, y], T, [0, 0])
ax[0].plot(t, xhat[:, 0], label='$\hat{x}_1$')
ax[1].plot(t, xhat[:, 1], label='$\hat{x}_2$')
```

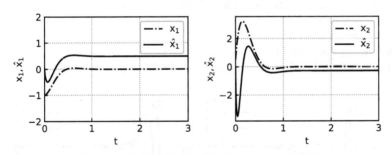

图 7.5   存在扰动的情况下使用观测器推测状态

可以使用一种被称为**扰动观测器**的观测器来解决这个问题。它不仅仅推测状态，还推测扰动。假设输出 y 上叠加了扰动 d :

$$\begin{cases} \dot{x}(t) = Ax(t) + Bu(t) \\ y(t) = Cx(t) + d(t) \end{cases} \tag{7.6}$$

由于是常值扰动，因此 $\dot{d}(t) = 0$。用它来对状态进行扩展。

$$\begin{cases} \begin{bmatrix} \dot{x}(t) \\ \dot{d}(t) \end{bmatrix} = \begin{bmatrix} A & 0 \\ 0 & 0 \end{bmatrix} \begin{bmatrix} x(t) \\ d(t) \end{bmatrix} + \begin{bmatrix} B \\ 0 \end{bmatrix} u(t) \\ y(t) = \begin{bmatrix} C & 1 \end{bmatrix} \begin{bmatrix} x(t) \\ d(t) \end{bmatrix} \end{cases} \tag{7.7}$$

$$x_e = \begin{bmatrix} x(t) \\ d(t) \end{bmatrix}, \quad A_e = \begin{bmatrix} A & 0 \\ 0 & 0 \end{bmatrix}, \quad B_e = \begin{bmatrix} B \\ 0 \end{bmatrix}, \quad C_e = \begin{bmatrix} C & 1 \end{bmatrix} \tag{7.8}$$

针对这个扩展了的系统，构建观测器：

$$\dot{\hat{x}}_e(t) = A_e \hat{x}_e(t) + B_e u(t) - L_e(y(t) - C_e \hat{x}_e(t)) \tag{7.9}$$

这里设计观测器增益 L_e 的方法与通常的观测器相同。通过此观测器可以推测状态 x 和扰动 d（见**图 7.6**）。

```
# 观测器的极点
observer_poles=[-15+5j,-15-5j, -3]

# 设计扰动观测器增益（使用扩展系统的设计）
E = [[0], [0]]
Abar = np.r_[ np.c_[P.A, E], np.zeros((1,3))]
Bbar = np.c_[ P.B.T, np.zeros((1,1)) ].T
Cbar = np.c_[ P.C, 1 ]

Lbar = -acker(Abar.T, Cbar.T, observer_poles).T

Aob = Abar + Lbar*Cbar
Bob = np.c_[Bbar, -Lbar]
Obs = ss(Aob, Bob, np.eye(3), [[0,0],[0,0],[0,0]] )
```

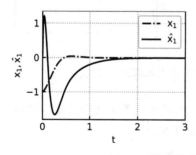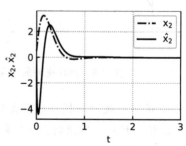

图 7.6　使用扰动观测器推测状态

7.2　鲁棒控制

至此，我们已经介绍了使用反映被控对象重要特征的数学模型来构建控制系统的方法。但是，数学模型并不能够完美地表现现实中的被控对象的特征，因此模型中不可避免地会带有不确定因素。例如，在使用临界比例度法进行增益调整时（见 5.4 节），我们提到的微小的延迟时间的影响，就是其中一个例子。除此之外，还有模型参数中所包含的误差的影响、之前没有考虑的非线性因素的影响、以及扰动的影响等。

因此，有必要在考虑模型不确定因素的基础之上进行控制系统设计。这里介绍其中一种方法——**鲁棒控制**的基础。

首先，为了使被控对象的传递函数模型 $\mathcal{P}(s)$ 与现实中的被控对象相区别，我们将其称为名义模型。将现实中的被控对象记为：

$$\tilde{\mathcal{P}}(s) = (1 + \Delta(s)\mathcal{W}_T(s))\mathcal{P}(s) \qquad (7.10)$$

这里的 $\mathcal{W}_T(s)$ 是一个稳定的传递函数，$\Delta(s)$ 是表达不确定性的，大小在 1 以下的稳定的传递函数。此时，考虑 $\tilde{\mathcal{P}}(s)$ 的集合为：

$$\mathbb{P} = \{\tilde{\mathcal{P}}(s) \mid \tilde{\mathcal{P}}(s) = (1 + \Delta(s)\mathcal{W}_T(s))\mathcal{P}(s),\ |\Delta(j\omega)| \leqslant 1|,\ \forall \omega\} \qquad (7.11)$$

$\Delta(s)\mathcal{W}_T(s)$ 表达了不确定性。$|\Delta(j\omega)|$ 的值根据频率的不同，位于 0 到 1 之间，$|\mathcal{W}_T(j\omega)|$ 决定了各频率下的不确定性的大小。由此，$\mathcal{W}_T$ 被称作**频率加权函数**。

而 $\Delta(s)\mathcal{W}_T(s)$ 则被认为表现了**乘性不确定性**。对于现实中的被控对象 $\tilde{\mathcal{P}}(s)$，当 $\Delta(s)=0$ 时，其与名义模型 $\mathcal{P}(s)$ 一致。

例如，设加权函数 $\mathcal{W}_T(s)$ 为：

$$\mathcal{W}_T(s) = \frac{10s}{s+150} \qquad (7.12)$$

现实中的被控对象 $\tilde{\mathcal{P}}(s)=(1+\Delta(s)\mathcal{W}_T)\mathcal{P}(s)$ 是一个在高频段具有较大不确定性的系统。

使用垂直驱动机械臂的数值实例（执行**代码段** 7.3）时，结果如**图** 7.7（左图）所示。图 7.7（右图）绘制了不确定性 $\Delta(s)\mathcal{W}_T(s)/\mathcal{P}(s)$ 的幅频图。由此可知，高频段的幅值是散乱的。这意味着对于输入信号的高频成分，其响应是散乱的。比如，当为了改善快速性而增大控制器的增益时，可能会得不到理想的响应（不稳定化）。

代码段 7.3　带有乘性不确定性的被控对象

```
#  垂直驱动机械臂的名义模型
g  = 9.81            # 重力加速度 [m/s^2]
l  = 0.2             # 机械臂的长度 [m]
M  = 0.5             # 机械臂的质量 [kg]
mu = 1.5e-2          # 黏性摩擦系数 [kg*m^2/s]
J  = 1.0e-2          # 转动惯量 [kg*m^2]
Pn = tf( [0,1], [J, mu, M*g*l] )
# 不确定性
delta = np.arange(-1, 1 , 0.1)
WT = tf( [10, 0], [1, 150])

fig, ax = plt.subplots(1, 2)


for i in range(len(delta)):
    # 带有不确定性的被控对象
    P = (1 + WT*delta[i])*Pn
    gain, _, w = bode(P, logspace(-3,3), Plot=False)
    ax[0].semilogx(w, 20*np.log10(gain), color = 'k', lw = 0.3)

    # 乘性不确定性
    DT = (P - Pn)/Pn
    gain, _, w = bode(DT, logspace(-3,3), Plot=False)
    ax[1].semilogx(w, 20*np.log10(gain), color = 'k', lw = 0.3)

# 图 7.7（左图）
gain, phase, w = bode(Pn, logspace(-3,3), Plot=False)
ax[0].semilogx(w, 20*np.log10(gain), lw =2, color='k')
```

```
#  图 7.7（右图）
gain, phase, w = bode(WT, logspace(-3,3), Plot=False)
ax[1].semilogx(w, 20*np.log10(gain), lw =2, color='k')

bodeplot_set(ax)
ax[0].set_xlabel('$\omega$ [rad/s]')
ax[0].set_ylabel('Gain of $P$ [dB]')
ax[1].set_ylabel('Gain of $\Delta W_T/P$ [dB]')
```

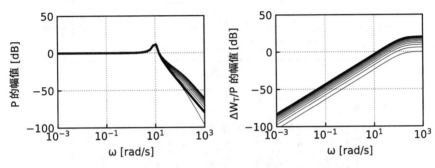

图 7.7　带有不确定性的被控对象的幅频图

接下来设计控制器 $K(s)$，使其对所有属于集合 $\mathbb{P}$ 的 $\tilde{\mathcal{P}}(s)$，都能够确保反馈系统的内部稳定性。这称为**鲁棒稳定化问题**。

首先，对于稳定的系统 $\mathcal{G}(s)$，定义 H_∞ 范数如下：

$$\| \mathcal{G}(s) \|_\infty = \sup_{\omega \geqslant 0} | \mathcal{G}(\mathrm{j}\omega) | \qquad (7.13)$$

此时，$\tilde{\mathcal{P}}(s)$ 的集合可以写成：

$$\mathbb{P} = \{ \tilde{\mathcal{P}}(s) | \tilde{\mathcal{P}}(s) = (1 + \Delta(s)\mathcal{W}_T(s))\mathcal{P}(s), \ \| \Delta(s) \|_\infty \leqslant 1 \} \qquad (7.14)$$

接下来，作为对象的反馈系统如**图 7.8**（上图）所示。对于目标值 $r = 0$，将框图进行变形后得到图 7.8（下图）。此时，图 7.8 中从 b 点到 a 点的传递函数为：

$$-\frac{\mathcal{P}(s)\mathcal{K}(s)}{1 + \mathcal{P}(s)\mathcal{K}(s)} = -\mathcal{T}(s) \qquad (7.15)$$

这里将

$$\mathcal{T}(s) = \frac{\mathcal{P}(s)\mathcal{K}(s)}{1 + \mathcal{P}(s)\mathcal{K}(s)} \qquad (7.16)$$

称为**互补灵敏度函数**。此时，对于不确定性 $\Delta(s)$ 和系统 $-\mathcal{W}_T(s)\mathcal{T}(s)$（灰色的部分）的反馈连接，可以适用小增益定理（如果构成反馈系统的传递函数的幅值小

于1，则信号的振幅不会发散）。由于 $\|\Delta(s)\|_\infty < 1$，如果满足下式：

$$\|\mathcal{W}_T(s)\mathcal{T}(s)\|_\infty < 1 \tag{7.17}$$

则反馈系统就是鲁棒稳定的（对集合 $\mathbb{P}$ 中所有的被控对象都是内部稳定的）$^\ominus$。因此，只需要设计满足式（7.17）的控制器 $\mathcal{K}(s)$。

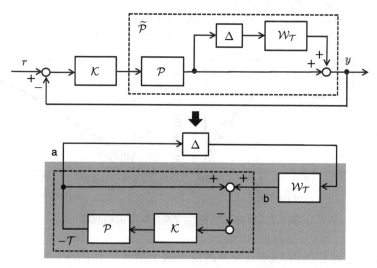

图7.8   将带有乘性不确定性的被控对象鲁棒稳定化

但是，在实用性上，单有鲁棒稳定性是不够的，还需要考虑目标值追随特性和抗干扰性等。这是因为，若被控对象是稳定的，不论参数如何变化它仍然是稳定的，那么终极的鲁棒控制器将是 $\mathcal{K}(s) = 0$（什么也不做）。

如**图7.9**所示，考虑在被控对象 $\mathcal{P}$ 的输出 y 上叠加了扰动 d 的情况。根据图7.9中的框图，从扰动 d（c点）到输出 y（a点）的传递函数可以表述为：

$$\mathcal{S}(s) = \frac{1}{1 + \mathcal{P}(s)\mathcal{K}(s)} \tag{7.18}$$

这里的 $\mathcal{S}(s)$ 称为**灵敏度函数**。

如果能够设计控制器 $\mathcal{K}(s)$，使灵敏度函数的低频幅值减小，那么低频扰动的影响就不容易出现在输出中。这可以归结成寻找能够使 $1/|\mathcal{W}_S(j\omega)|$ 在低频段减小

$\ominus$　如果 $\|\Delta(s)\|_\infty < 1, \|\mathcal{W}_T(s)\mathcal{T}(s)\|_\infty < 1$，则下式成立：

　　　　$\|\Delta(s)\mathcal{W}_T(s)\mathcal{T}(s)\|_\infty \leqslant \|\Delta(s)\|_\infty \|\mathcal{W}_T(s)\mathcal{T}(s)\|_\infty \leqslant \|\mathcal{W}_T(s)\mathcal{T}(s)\|_\infty < 1$

　　也就是说，由于 $|\Delta(j\omega)\mathcal{W}_T(j\omega)\mathcal{T}(j\omega)| < 1(\forall w)$，奈奎斯特图始终位于单位圆内。这就意味着反馈系统是稳定的。

的稳定的传递函数 $\mathcal{W}_S(s)$，使其满足下式：

$$|\mathcal{S}(\mathrm{j}\omega)|<\frac{1}{|\mathcal{W}_S(\mathrm{j}\omega)|},\ \forall\omega \tag{7.19}$$

然后确定能够使上述条件得到满足的控制器 $\mathcal{K}(s)$ 的问题。

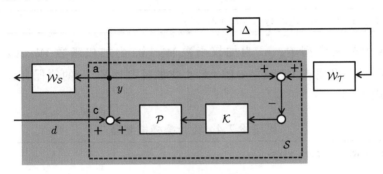

图 7.9　改善抗干扰性

由于式（7.19）的条件为对于任意的频率 $(\forall\omega)$，$|\mathcal{S}(\mathrm{j}\omega)\mathcal{W}_S(\mathrm{j}\omega)|<1$ 都成立，因此可以使用 H_∞ 范数表述为：

$$\|\mathcal{S}(s)\mathcal{W}_S(s)\|_\infty<1 \tag{7.20}$$

由于灵敏度函数 $\mathcal{S}(s)$ 与从目标值到误差的传递函数是相同的，因此通过选择合适的加权函数 $\mathcal{W}_S(s)$，解决设计满足式（7.19）的控制器的问题，就能够同时改善目标值追随特性。

总结上述讨论，如果能够设计同时满足下面两个条件的控制器 $\mathcal{K}(s)$，那么反馈控制系统就具有**鲁棒性**（鲁棒稳定化和灵敏度函数的频率整形）：

$$\|\mathcal{S}(s)\mathcal{W}_S(s)\|_\infty<1,\ \|\mathcal{T}(s)\mathcal{W}_T(s)\|_\infty<1 \tag{7.21}$$

但是由于 $\mathcal{S}(s)+\mathcal{T}(s)=1$，式（7.21）的两个条件不可能同时达到最小化。

这里设定加权函数 $\mathcal{W}_S(s)$ 和 $\mathcal{W}_T(s)$，使得 $\mathcal{S}(s)$ 的低频段的幅值减小，同时使得 $\mathcal{T}(s)$ 的高频段的幅值减小，将式（7.21）的条件式合并起来：

$$\left\|\begin{bmatrix}\mathcal{W}_S(s)\mathcal{S}(s)\\\mathcal{W}_T(s)\mathcal{T}(s)\end{bmatrix}\right\|_\infty<\gamma \tag{7.22}$$

考虑将上式中的 γ 最小化的问题。这称为**混合灵敏度问题**。通过解决此问题，如果得到 γ 小于 1，则得出的 $\mathcal{K}(s)$ 就是满足式（7.21）的解。

我们用一个设计实例来确认这一点。假设加权函数 $\mathcal{W}_S(s)$ 为：

$$\mathcal{W}_S(s) = \frac{1}{(s+0.5)^2} \qquad (7.23)$$

并设加权函数 $\mathcal{W}_T(s)$ 为式（7.12），来解决混合灵敏度问题。在 Python 中可以使用：

```
K, cl, info = mixsyn(sys, w1, w2, w3)
```

参数 sys 为名义模型 $\mathcal{P}$，w1 为加权函数 $\mathcal{W}_S$，w3 为加权函数 $\mathcal{W}_T$，w2 设为 1。mixsys 用于求出使式（7.22）中的 γ 最小化的控制器 K。γ 的值保存在 info 中（见**代码段 7.4**）。

代码段 7.4　设计鲁棒控制器

```python
from control import mixsyn

WS = tf( [0, 1], [1, 1, 0.25]) # 对于灵敏度函数的加权函数
WU = tf(1,1)
WT = tf( [10, 0], [1, 150]) # 对于互补灵敏度函数的加权函数

# 混合灵敏度问题
K, _, gamma = mixsyn(Pn, w1=WS , w2=WU, w3=WT)
print('K=', ss2tf(K))
print('gamma =', gamma[0])

fig, ax = plt.subplots(1, 2)
# 灵敏度函数
Ssys = feedback(1, Pn*K)
gain, _, w = bode(Ssys, logspace(-3,3), Plot=False)
ax[0].semilogx(w, 20*np.log10(gain), ls= '-', lw =2, label='$S$')
gain, _, w = bode(1/WS, logspace(-3,3), Plot=False)
ax[0].semilogx(w, 20*np.log10(gain), ls= '-.', label='$1/W_S$')

# 互补灵敏度函数
Tsys = feedback(Pn*K, 1)
gain, _, w = bode(Tsys, logspace(-3,3), Plot=False)
ax[1].semilogx(w, 20*np.log10(gain), ls = '-', lw =2, label='$T$')
gain, _, w = bode(1/WT, logspace(-3,3), Plot=False)
ax[1].semilogx(w, 20*np.log10(gain), ls= '--', label='$1/W_T$')

for i in range(2):
    ax[i].set_ylim(-40, 40)
    ax[i].legend()
    ax[i].grid(which="both", ls=':')
```

```
    ax[i].set_ylabel('Gain [dB]')
    ax[i].set_xlabel('$\omega$ [rad/s]')
fig.tight_layout()
```

执行代码段 7.4 得到如下所示的结果：

```
K=
     7.21 s^4 + 1098 s^3 + 3259 s^2 + 1.081e+05 s + 9.032e+04
   -----------------------------------------------------------
   s^5 + 165.1 s^4 + 2448 s^3 + 2.449e+04 s^2 + 2.273e+04 s + 5540

gamma = 0.9527651218302327
```

从这里可以看到，通过解决混合灵敏度问题，得出了一个 5 阶的控制器 $\mathcal{K}(s)$。此外还可以看到 γ 的值为 0.9527651218302327，它是一个小于 1 的值。

此时的灵敏度函数 $\mathcal{S}(s)$ 和互补灵敏度函数 $\mathcal{T}(s)$ 的幅频图如**图** 7.10 所示。可以看到两者分别位于 $\dfrac{1}{\mathcal{W}_S(s)}$ 和 $\dfrac{1}{\mathcal{W}_T(s)}$ 的幅频图的下方。

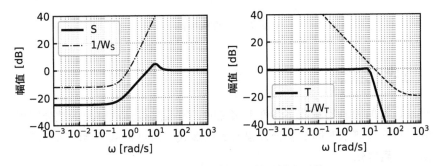

图 7.10　灵敏度函数和互补灵敏度函数

最后让我们来看一下使用上述设计的控制器时的阶跃响应（见**代码段** 7.5）。结果如**图** 7.11 所示。可以看到它能够迅速地追随目标值，并且可以看到即使存在不确定性，响应也基本上没有发生变化。

代码段 7.5　确认设计好的控制器的性能

```python
fig, ax = plt.subplots()

# 对于存在不确定性的模型的性能
for i in range(len(delta)):
    P = (1 + WT*delta[i])*Pn
    Gyr = feedback(P*K, 1)
```

```
    y, t = step(Gyr, np.arange(0,5,0.01))
    ax.plot(t, y*ref, color ='k', lw = 0.3)

# 对于名义模型的性能
Gyr = feedback(Pn*K, 1)
y, t = step(Gyr, np.arange(0,5,0.01))
ax.plot(t, y*ref, lw = 2, color='k')
plot_set(ax, 't', 'y')
```

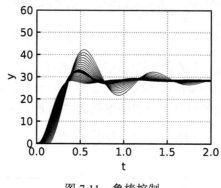

图 7.11   鲁棒控制

7.3   数字化实现

将设计好的控制器在数字器件上实施时，需要将以连续时间的微分方程表示的控制器转换成离散时间的差分方程的表现形式。像这种从连续时间到离散时间的转换称为**离散化**。

控制器在数字器件上实现时的控制系统如**图 7.12** 所示。由于被控对象的输出是连续时间的信号，需要使用**理想采样器**按照一定的间隔对其进行**采样**（样本化）。这里用 $y[k]$ 中的 k 来表示离散时刻。然后使用离散化的控制器 $\mathcal{K}_d$ 来确定控制输入。然而，由于无法将离散时间的信号 $u[k]$ 直接当作被控对象的输入，因此需要通过**保持电路**，将其转换为连续时间的信号 $u(t)$。

这里设采样时间为 t_s，则理想采样器为：

$$y[k] = y(kt_s) \ (k = 0, 1, 2, \cdots) \tag{7.24}$$

保持电路中具有代表性的是零阶保持。它可以表示成：

$$u(t) = u[k] \ \ (kt_s \leqslant t < (k+1)t_s, \ k = 0, 1, 2, \cdots) \tag{7.25}$$

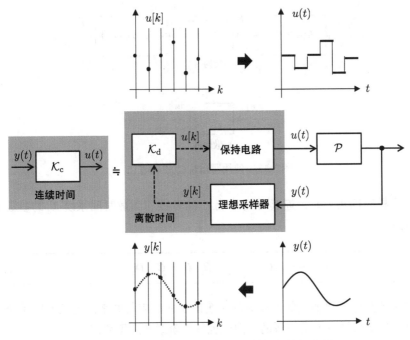

图 7.12　离散化（保持电路和采样器）的概念图

此时，将式（7.24）中的理想采样器、离散化的控制器 $\mathcal{K}_d$、以及式（7.25）中的保持电路通过串联连接（图 7.12 中的灰色的部分）后，将连续时间的控制器 $\mathcal{K}_c$ 转换成 $\mathcal{K}_d$，使得整个串联部分的性能能够接近 $\mathcal{K}_c$ 的性能。

接下来介绍能够将下述连续时间系统

$$\mathcal{K}_c : \begin{cases} \dot{\boldsymbol{x}}(t) = \boldsymbol{A}_c\boldsymbol{x}(t) + \boldsymbol{B}_c y(t) \\ u(t) = \boldsymbol{C}_c\boldsymbol{x}(t) + \boldsymbol{D}_c y(t) \end{cases} \tag{7.26}$$

转换为下述离散时间系统

$$\mathcal{K}_d : \begin{cases} \boldsymbol{x}[k+1] = \boldsymbol{A}_d\boldsymbol{x}[k] + \boldsymbol{B}_d y[k] \\ u[k] \quad\;\; = \boldsymbol{C}_d\boldsymbol{x}[k] + \boldsymbol{D}_d y[k] \end{cases} \tag{7.27}$$

的具有代表性的方法——使用零阶保持的离散化和使用双线性变换的离散化。

7.3.1　使用零阶保持的离散化

使用零阶保持的离散化如**图 7.13** 所示。

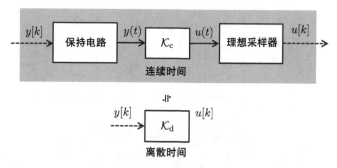

图 7.13 使用零阶保持的离散化

当采样时间为 t_s 时，连续时间系统 $\mathcal{K}_c$ 的参数和离散时间系统 $\mathcal{K}_d$ 的参数的关系如下所述：

$$A_d = e^{A_c t_s}, \ B_d = \int_0^{t_s} e^{A_c t} dt B_c, \ C_d = C_c, \ D_d = D_c \tag{7.28}$$

使用零阶保持离散化的连续时间系统的阶跃响应与原来的连续时间系统的阶跃响应在各个采样点上是一致的。因此也称作**阶跃响应不变法**。

7.3.2 使用双线性变换的离散化

使用**双线性变换**的离散化也称作 Tustin **变换法**。这是将下式代入系统的传递函数模型中得到的：

$$s = \frac{2}{t_s} \frac{z-1}{z+1} \tag{7.29}$$

式（7.29）中的从 s 到 z 的变换称为双线性变换。

当采样时间为 t_s 时，连续时间系统 $\mathcal{K}_c$ 的参数和离散时间系统 $\mathcal{K}_d$ 的参数的关系如下所述：

$$A_d = \left(I + \frac{t_s}{2} A_c\right)\left(I - \frac{t_s}{2} A_c\right)^{-1}, \ B_d = \frac{t_s}{2}\left(I - \frac{t_s}{2} A_c\right)^{-1} B_c,$$
$$C_d = C_c(A_d + I), \ D_d = C_c B_d + D_c \tag{7.30}$$

使用双线性变换的离散化能够保存系统的稳定性和相位特性。此外，$\omega = 0$ 时的频域响应也是一致的。这意味着 $\mathcal{K}_c(0) = \mathcal{K}_d(1)$ 成立。

在 Python 中，可以使用 c2d 函数来进行离散化：

```
sysd = c2d(sys, ts, method)
```

这里的 ts 为采样时间。可以通过使 method 为 method='zoh' 或 method='tustin'
来指定离散化的方法。例如，可以进行离散化操作，如**代码段 7.6** 所示。

代码段 7.6   从连续时间系统到离散时间系统的变换

```python
P = tf([0, 1], [0.5, 1])
print(P)

ts = 0.2 # 采样时间

# 使用零阶保持的离散化
Pd1 = c2d(P, ts, method='zoh')
print('离散时间系统 (zoh)', Pd1)
# 使用双线性变换的离散化
Pd2 = c2d(P, ts, method='tustin')
print('离散时间系统 (tustin)', Pd2)
```

```
1
---------
0.5 s + 1

离散时间系统 (zoh)

  0.3297
----------
z - 0.6703

dt = 0.2

离散时间系统 (tustin)

0.1667 z + 0.1667
-----------------
   z - 0.6667

dt = 0.2
```

让我们来看一下离散化的系统的阶跃响应。**图 7.14** 显示了连续时间系统的
阶跃响应和离散时间系统的阶跃响应（执行**代码段 7.7**）。图 7.14 中，左图为零阶
保持的结果，右图为双线性变换的结果。从图 7.14 中可以看出，对于阶跃响应，
使用零阶保持的离散化能够更好地保存连续时间系统的特征。

代码段 7.7　离散时间系统的阶跃响应

```python
fig, ax = plt.subplots(1,2)

# 连续时间系统
Tc = np.arange(0, 3, 0.01)
y, t = step(P, Tc)
ax[0].plot(t, y, ls='-.')
ax[1].plot(t, y, ls='-.')

# 离散时间系统（使用零阶保持的离散化）
T = np.arange(0, 3, ts)
y, t = step(Pd1, T)
ax[0].plot(t, y, ls='', marker='o', label='zoh')

# 离散时间系统（使用双线性变换的离散化）
y, t = step(Pd2, T)
ax[1].plot(t, y, ls='', marker='o', label='tustin')
```

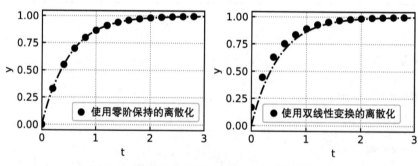

图 7.14　离散时间系统的时域响应（阶跃输入）

相对地，当施加 $u(t) = 0.5\sin(6t) + 0.5\cos(8t)$ 的输入时，其响应如**图 7.15**所示（执行**代码段 7.8**）。从这里可以看出，此时双线性变换更加接近连续时间系统的响应。

代码段 7.8　离散时间系统的时域响应

```python
fig, ax = plt.subplots(1,2)

# 连续时间系统
Tc = np.arange(0, 3, 0.01)
Uc = 0.5 * np.sin(6*Tc) + 0.5 * np.cos(8*Tc)
y, t, x0 = lsim(P, Uc, Tc)
ax[0].plot(t, y, ls='-.')
```

```
ax[1].plot(t, y, ls='-.')

# 离散时间系统（使用零阶保持的离散化）
T = np.arange(0, 3, ts)
U = 0.5 * np.sin(6*T) + 0.5 * np.cos(8*T)
y, t, x0 = lsim(Pd1, U, T)
ax[0].plot(t, y, ls='', marker='o', label='zoh')

# 离散时间系统（使用双线性变换的离散化）
y, t, x0 = lsim(Pd2, U, T)
ax[1].plot(t, y, ls='', marker='o', label='tustin')
```

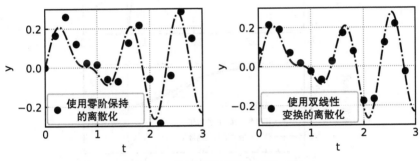

图 7.15　离散时间系统的时域响应

接下来，通过执行**代码段 7.9**来确认离散化的模型的频域特性。**图 7.16** 表示频域特性，其中离散时间系统的频域特性只绘制了 $0 \leqslant \omega \leqslant \dfrac{\pi}{t_s}$ 的部分。

代码段 7.9　离散时间系统的伯德图

```
fig, ax = plt.subplots(2, 1)

# 连续时间系统
gain, phase, w = bode(P, np.logspace(-2,2), Plot=False)
ax[0].semilogx(w, 20*np.log10(gain), ls = '-.', label='continuous')
ax[1].semilogx(w, phase*180/np.pi, ls = '-.', label='continuous')

# 离散时间系统（使用零阶保持的离散化）
gain, phase, w = bode(Pd1, np.logspace(-2,2), Plot=False)
ax[0].semilogx(w, 20*np.log10(gain), label='zoh')
ax[1].semilogx(w, phase*180/np.pi, label='zoh')

# 离散时间系统（使用双线性变换的离散化）
gain, phase, w = bode(Pd2, np.logspace(-2,2), Plot=False)
```

```
ax[0].semilogx(w, 20*np.log10(gain), label='tustin')
ax[1].semilogx(w, phase*180/np.pi, label='tustin')

#  在频率为 w = pi/ts 处划线
ax[0].axvline(np.pi/ts, lw = 0.5, c ='k')
ax[1].axvline(np.pi/ts, lw = 0.5, c ='k')
ax[1].legend()
```

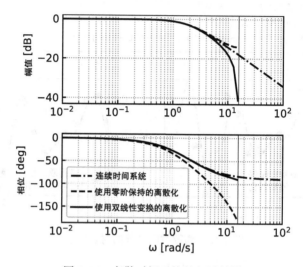

图 7.16　离散时间系统的频域特性

在低频段，离散时间系统的特征基本与连续时间系统的相同，但是高频段的特征却不一样。使用零阶保持离散化的系统的幅值特性基本上接近于连续时间系统的幅值特性，但是相位却相互背离。

反过来，使用双线性变换离散化的系统的相位特性却很接近连续时间系统的相位特性。

在图 7.15 的例子中，我们施加了频率为 $\omega = 6$ 和 $\omega = 8$ 的输入，因此零阶保持的离散化产生了相位滞后，得到如图 7.16 所示的结果。

第 7 章　总结

终于结束了……累坏了。不过感觉好像脱胎换骨了。

辛苦啦。对于老是要靠别人帮忙的你来说还真是尽力了。

就算是我，该努力的时候还是会努力的。话说回来，你之前提到的"艾尔艾姆艾"好像没出现嘛。

是 LMI 吧。想知道吗？不过这个还是下次再说吧。在这之前，最好先把本书的内容实际应用一下，姐姐以前读过的有关控制工程的优秀书籍也要再读一次，这样才能够加深理解。控制工程是一门很深奥的学问，每次学习都会有新的发现。

确实如此。编写代码、执行程序和作图之类的，感觉自己已经完全掌握了，但实际上没那么简单呢。

要是有什么地方不懂的，只管问我。我会以便宜的价格教会你。这么说来，本书的钱还没拿到呢。

小结

- 如果无法观测状态的全部要素，那么可以使用观测器来推测状态。
- 对带有不确定性的系统进行控制系统设计时，可以考虑灵敏度函数和互补灵敏度函数的频率整形问题，该问题已经以混合灵敏度问题的形式标准化了。
- 将设计好的控制器在微控制器之类的数字器件上实现时，需要把控制器模型离散化（使用零阶保持的离散化或者使用双线性变换的离散化）。

APPENDIX

附　录

数学补充内容

A.1 复数

复数可以表示为：

$$z = x + jy \qquad (A.1)$$

其中，$j = \sqrt{-1}$ 称为**虚数单位**。x 称为**实部**，y 称为**虚部**。对于 z，其模定义为：

$$r = |z| = \sqrt{x^2 + y^2} \qquad (A.2)$$

其相位（**辐角**）定义为：

$$\theta = \angle z = \tan^{-1} \frac{y}{x} \qquad (A.3)$$

使用模和相位可以将复数 z 表示成：

$$z = re^{j\theta} \qquad (A.4)$$

（这称为**极坐标形式**）。根据**欧拉公式**，可以将 $e^{j\theta}$ 写成：

$$e^{j\theta} = \cos\theta + j\sin\theta \qquad (A.5)$$

对于复数 $z = x + jy$，定义其**共轭复数**为：

$$\bar{z} = x - jy \qquad (A.6)$$

复数与其共轭复数之间存在下述关系：$z + \bar{z} = 2x$，$z \cdot \bar{z} = x^2 + y^2$。

A.2　拉普拉斯变换

常用的时域函数的拉普拉斯变换总结在**表 A.1** 中。

表 A.1　拉普拉斯变换表

$f(t)(t > 0)$	$f(s) = \mathcal{L}[f(t)]$	$f(t)(t > 0)$	$f(s) = \mathcal{L}[f(t)]$
δ	1	$\dfrac{t^n}{n!}\mathrm{e}^{-at}$	$\dfrac{1}{(s+a)^{n+1}}$
1	$\dfrac{1}{s}$	$\sin \omega t$	$\dfrac{\omega}{s^2 + \omega^2}$
t	$\dfrac{1}{s^2}$	$\cos \omega t$	$\dfrac{s}{s^2 + \omega^2}$
$\dfrac{t^n}{n!}$	$\dfrac{1}{s^{n+1}}$	$\mathrm{e}^{-at}\sin \omega t$	$\dfrac{\omega}{(s+a)^2 + \omega^2}$
e^{-at}	$\dfrac{1}{s+a}$	$\mathrm{e}^{-at}\cos \omega t$	$\dfrac{s+a}{(s+a)^2 + \omega^2}$
$t\mathrm{e}^{-at}$	$\dfrac{1}{(s+a)^2}$		

拉普拉斯变换具有以下性质：

（1）线性性质

$$\mathcal{L}[ax(t) + by(t)] = a\mathcal{L}[x(t)] + b\mathcal{L}[y(t)]$$

（2）时域微分

$$\mathcal{L}\left[\frac{\mathrm{d}}{\mathrm{d}t}x(t)\right] = sx(s) - x(0)$$

（3）时域积分

$$\mathcal{L}\left[\int_0^t x(\tau)\,\mathrm{d}\tau\right] = \frac{x(s)}{s}$$

（4）**时域卷积**

$$\mathcal{L}[x(t)*y(t)] = x(s)y(s)$$

（5）**时域位移**（延迟时间）

$$\mathcal{L}[x(t-h)] = \mathrm{e}^{-hs}x(s)$$

（6）**终值定理**

$$\lim_{t \to \infty} x(t) = \lim_{s \to 0} sx(s)$$

A.3　矩阵的特征值和特征向量

对于 $n \times n$ 维的矩阵 A ，如果存在满足下式的非 0 向量 x 和标量 λ ：

$$Ax = \lambda x \tag{A.7}$$

则我们称 x 为 A 的**特征向量**，λ 为 A 的**特征值**。

通常，当我们将向量 x 乘到矩阵 A 上时，向量 x 的方向和大小会发生变化。但是，如果 x 是特征向量，由于式（A.7）的关系成立，所以结果为 λx ，虽然大小会变成原来的 λ 倍，但是方向不会发生变化。

特征向量可以通过下面的法则来求出。将 $Ax = \lambda x$ 进行变形（I 为单位矩阵）：

$$(\lambda I - A)x = 0 \tag{A.8}$$

如果 $(\lambda I - A)$ 的逆矩阵存在，则 $x = 0$ ，因此它不是特征向量。于是，对于 $(\lambda I - A)$ ，其逆矩阵不存在（不可逆）。即，求出满足下式的 λ ：

$$\det(\lambda I - A) = 0 \tag{A.9}$$

这就是 A 的特征值了。式（A.9）中的 det 表示**行列式**，式（A.9）又称为**特征方程**。

推荐阅读

边做边学深度强化学习：PyTorch程序设计实践

作者：[日] 小川雄太郎 书号：978-7-111-65014-0 定价：69.00元

PyTorch是基于Python的张量和动态神经网络，作为近年来较为火爆的深度学习框架，它使用强大的GPU能力,提供极高的灵活性和速度。

本书面向普通大众，指导读者以PyTorch为工具，在Python中实践深度强化学习。读者只需要具备一些基本的编程经验和基本的线性代数知识即可读懂书中内容，通过实现具体程序来掌握深度强化学习的相关知识。

本书内容：

· 介绍监督学习、非监督学习和强化学习的基本知识。

· 通过走迷宫任务介绍三种不同的算法（策略梯度法、Sarsa和Q学习）。

· 使用Anaconda设置本地PC，在倒立摆任务中实现强化学习。

· 使用PyTorch实现MNIST手写数字分类任务。

· 实现深度强化学习的最基本算法DQN。

· 解释继DQN之后提出的新的深度强化学习技术（DDQN、Dueling Network、优先经验回放和A2C等）。

· 使用GPU与AWS构建深度学习环境，采用A2C再现消砖块游戏。